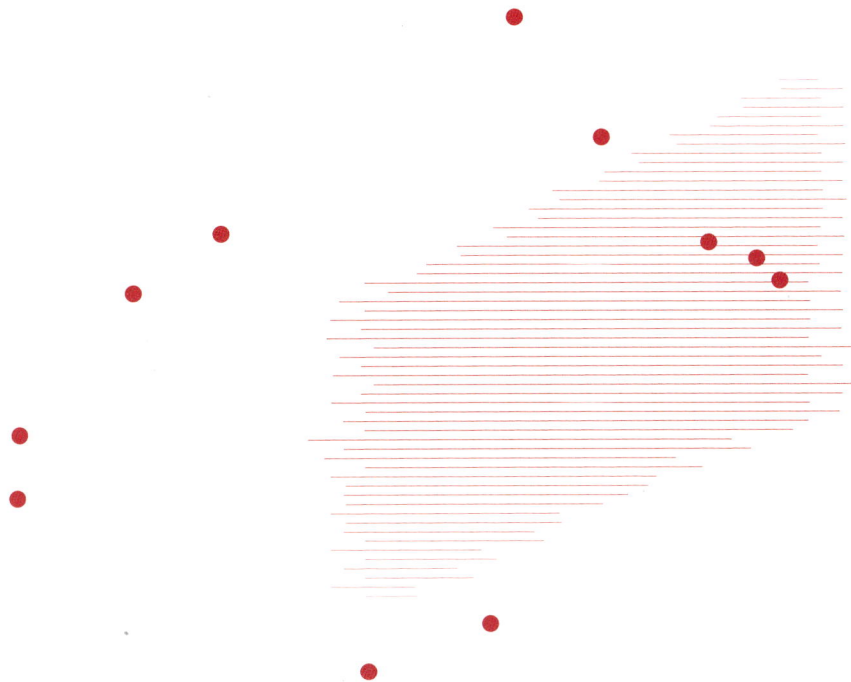

阮仪三　主编

同济大学城市遗产保护与规划创新典型案例

从上海
到澳门

中国出版集团　东方出版中心

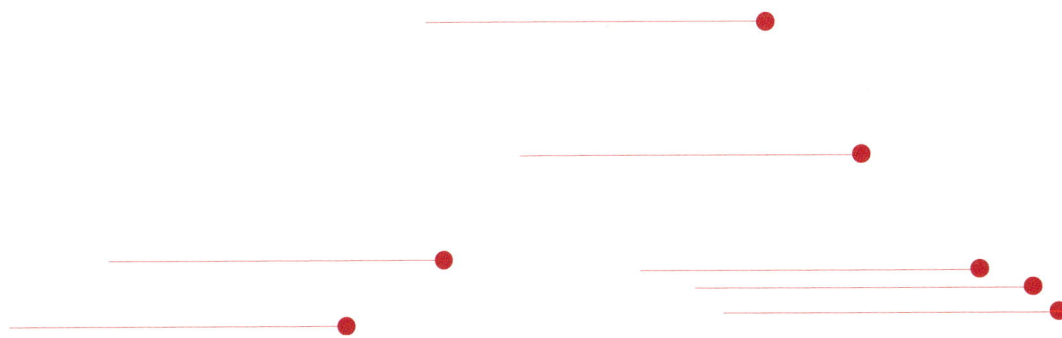

谨以此书献给所有为城市遗产保护和城市规划作出贡献的人们……

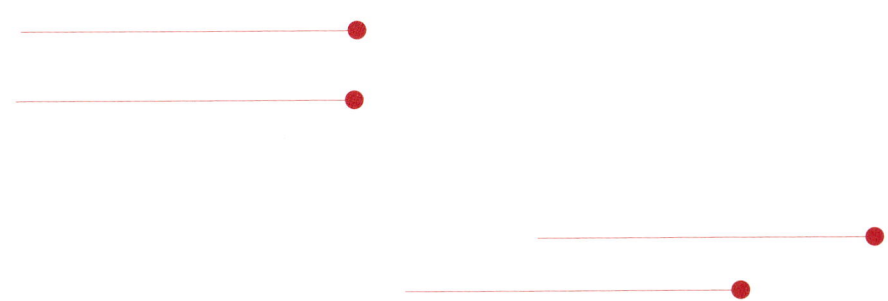

都江堰

丽江 ●

巍山 ●

太原 ●

台儿庄 ●

昭化 ●

苏州 ●

上海南翔 ●

上海思南路

澳门 ●

雷州 ●

前　言

————————

阮仪三

　　近年来，历史文化遗产的保护逐渐为人们所重视，特别是旅游业的发展，促使许多城市花力量修缮历史建筑和历史街区，但不可否认的是其中一些城市是为了政绩的需求，修建开发项目带有明显的功利目的，是做给人看的；还有一些城市的做法与保护遗产的宗旨有很大的差距，甚至破坏了原来的遗产，令人痛惜。

　　在当前社会上追求眼前利益、讲究功利性的氛围中，我坚持倡导切实保护好祖国的优秀城市建筑遗产，并带领我的弟子们脚踏实地地工作，不去追逐名利，同时不断探索创新，以使我们的保护和规划工作得以进步。

　　回顾近年来所取得的成果主要有：周俭主持的都江堰西街历史街区的震后修复的实践，他带着助手认真地听取灾民的意见，和当地的技术人员一起原样修复那些坍塌的老房子，重现了其原有风貌。他还和陈飞等修缮了上海的南翔古镇，使这条原本破败不堪的古镇老街得到重生，并在整修过程中坚持收集老木梁、木柱、旧砖、老瓦，"修旧如故，以存其真"，使南翔荣登中国历史文化名镇的名录。

　　四川广元昭化是古蜀道上三国时代的古城，留存着较为完整的明清时代的风貌。2005 年我和林林主持保护规划，2007 年按规划修好了所有老街，2008 年 5 月 12 日地震中它是四川十大灾区之一，经过认真修缮的木结构的老房子未遭损坏，而其他一些现代建筑却毁损严重。大地震见证了中国传统木结构建筑的精彩，昭化当年震后重建，群情激奋，大家有钱出钱有力出力，使古城很快得到了全面修复，并成为四川著名的旅游热地。

　　苏州古城平江历史街区的保护规划经历了十多年的历程，早在 20 世纪 90 年代初，我就将其作为教学课程设计的对象带领同济学生做规划，当时有学生俞娟（现为苏州规划院总工），后来又有相秉军（现为苏州规划局总工）作为硕士论文项目，再由张琴、林林等（他们都是苏州人）做博士论文研究课题，就这样一次又一次跟踪规划。当工程实施时，我们三天两头在现场修改设计，严格把关，在使用时和平江区领导一起筹划，反复实验，使其真正成为富有历史文化内涵和现代生活气息的传统街区。世界旅游组织秘书长塔勒布·瑞布实地考察后曾说："平江路有文化、有风景、有居民，却没有人工雕琢的痕迹。"他认为这是中国最好的历史旅游景区。

山东的台儿庄是抗日著名战场，也是京杭大运河上重要的水陆码头，战争和岁月使这座古城只剩下残迹和遗址。如何在保护基础上使其重现历史的风貌？我带的博士生顾晓伟、王建波、李文墨等作了认真的探求。既要保护运河水城的特色又要有山东老镇的遗韵，同时又得见证抗战英雄们的战绩，就这样反复推敲，精心设计。古镇古街按规划修复后，台湾的连战等都来看过，交口称赞。许多抗战老兵来了，老泪纵横，流连忘返。通过台儿庄的实例，我们探索了如何保护与传承，如何延续文化又要为现代服务，这是一个崭新的课题。

历史文化遗产的保护和修缮，决不能像新建项目一样只讲时效、只讲效益，前述的苏州平江路就延续了十多年的跟踪。同样，上海思南路历史街区于2001年开始做保护规划，然后是每幢保护建筑的修缮设计，后来又是开发模式的策划研究，再做控制性详细规划的设计，简称"控详设计"。邵甬、卢永毅等跟踪规划和设计整十年，主管领导换了几任，具体方针变了又变，而我们保护的原则和理念不变，工作也越做越细，不计成本，不讲得失，只求能原真性地保住这块上海原法租界里建筑风格最丰富的花园里弄。现今思南公馆对外正式开放了。思南路成了最有老上海味道的历史地段之一。孙中山的香山别墅、中共代表处的周公馆、梅兰芳的蓄须明志住所、柳亚子的故居等都原汁原味地留存着，而整片的老洋房在更新改造后，被赋予了新的活力，成为上海著名的休闲旅居场所。它们不像"新天地"那样把老石库门全改成了商业用房，而是基本上保持了原有的功能，在保护做法上是新的实践。

许多历史文化名城都注重文物古迹和历史景观地区的保护，但对老城中的老民居和原居民如何保护往往疏于对策和研究，因为没有经济效益。一些名城推行拆除老屋建新房，使整个老城区老宅所剩无几，我看这些名城是名存实亡了。平遥和丽江，我们从20世纪80年代初做了规划后就一直不离不弃，始终关注其大量原生态老民居的保护与管理，这些土坯墙、木构架、瓦屋顶如何才能延年益寿？如何去改善居住条件？多年来我们一直和当地政府还有国际组织及居民们一起探索、研究、试验。如张松、邵甬等主持的关于世界文化遗产城市的保护规划与管理研究，同时有典型民居的改造更新实例，防火措施、地热资源的利用实施，以及民居修缮资金的筹集和合理发放等，将保护工作落实到实处。传统民居的保护是个可持续发展的大课题，我希望每个历史文化名城都能做出自己的努力。

俗话说：他山之石可以攻玉。本书是我们同济城市遗产保护团队近年来所做的遗产保护的新实践，有较高的实用价值，供大家参考。

《从上海到澳门》编写组

主　编　阮仪三
副主编　周　俭
　　　　林　林

编写者

周　俭	张　松	邵　甬	顾晓伟	卢永毅
张　琴	林　林	张艳华	陈　飞	袁　菲
胡力骏	王建波	寇怀云	李文墨	柴伟中
葛　亮	周丽娜	周海东	镇雪锋	孔志伟
许昌和	赵　洁	陈　欢	陈　鹏	陈文彬
陈志坚	邓存翰	蒋冠林	高澍彬	何　健
黄立泉	林　宏	李　涛	李玉琳	刘　刚
刘耀辉	缪　洁	莫　廉	单　峰	宋　超
邢振华	杨　开	杨国栋	周　捷	张龙飞

目录

看得到上海百年意蕴的街区

——上海思南路花园住宅区的保护与再生

案例类型： 历史文化街区保护

城市地区： 上海市卢湾区（2011 年 6 月与黄浦区合并）

案例来源： 上海同济城市规划设计研究院《上海市卢湾区思南路花园住宅区保护与整治规划》、《上海市卢湾区 47、48号街坊（思南路花园住宅区）修建性详细规划》（2001—2010）

参加人员： 邵甬、卢永毅、刘刚、胡力骏、赵洁等

主编按语

思南路花园住宅区，上海市中心成片花园住宅最集中的区域之一，涉及保留、保护的老建筑共 49 幢，其中 39 幢被确定为上海优秀历史建筑。上海近代曾出现 10 种历史居住建筑类型，除了石库门和高层公寓两种形式外，思南路花园住宅区域囊括了独立式花园住宅、联排式住宅、联立式花园住宅、新式里弄住宅、花园里弄住宅、现代公寓式住宅、外廊式住宅、带内院独立式花园住宅等 8 种住宅类型。

"思南公馆"是个新名词，其实这片海派建筑的历史沿革始于 1920 年。这一年沿法国公园（今复兴公园）南面的辣斐德路（今复兴中路），首批花园住宅拔地而起。红瓦屋顶、卵石镶壁、郁葱古树，从此铺陈开来。20 世纪 30 年代，这里吸引了大批军政委员、企业家、专业人士和知名艺术家迁入，周恩来、柳亚子、梅兰芳……都在此留下身影。有学者称"在思南路上随便一个转身，就会发现自己正与一座历史名人故居擦肩而过"。但是，在过去很长一段时间里，这里成了典型的"72家房客"，乱搭乱建，一地鸡毛。

推倒重建无疑是最最简便的方式，然而精雕细琢的修缮才是对历史负责的唯一做法。49幢建筑风格各异，需作不同程度的保留、保护：残旧的木地板和扶手被拆下，运到厂里重拼后送回；老式的铸铜门把手及插销，上海买不着，统统去广东定制；被破坏的壁炉得到修复；绿色小瓷砖照原样烧制；至于瓦片，去宜兴用陶土按原来的样子烧制并做旧；五金件、天地锁、门上的装饰条、顶上的石膏线，每样都原汁原味。即便是修缮房的卵石外墙，也是足足尝试了60多块样本，最后才定下来用不同大小、

上海思南路

颜色、形状的卵石来组合试做。

今天的思南公馆已经成为一片"活"的历史风貌区。

遗产保护不是简单地把老房子留住不动，特别是对于历史建筑，更重要的是合理利用，要通过对历史环境的保护与整治，赋予其合适的城市功能，从而达到重塑地区性精神，激发地区活力的目标。在思南公馆增加的新建筑，就按新的方式做，但要尊重历史，延续文脉，在新老建筑的结合上做出丰富的组合，使新街有了老街的韵味，老街融入了新街的气息，新旧交相辉印，相互协调。

整整十个年头，原卢湾区委、区政府的领导换了一茬又一茬，但不管是哪个领导都能按规划坚定不移地执行下去。他们尊重专家，坚持把保护优秀历史建筑和推进功能再生有机地结合起来，许多工作需要时间的打磨，整整十个年头，真是十年磨一剑。这是一把中国历史和西方文化交融的海派之剑，是古代与现代接轨的历史文化名城之剑，我们为之自豪，也希望它能发扬光大。

2012年5月，我曾陪同同济大学建筑与城市规划学院的李德华、罗小未、董鉴泓、陶松龄等20多位老教授走访思南公馆，他们都是七八十岁具有专业素养和丰富阅历的老专家，大家异口同声地称赞思南路的保护及改造的成果，说在这里找回了久违的老上海风情。

基于学术研究的街区核心价值提炼

思南路花园住宅区是上海市衡山路—复兴路历史文化风貌区的核心区域。规划首先通过非常扎实科学的历史和文化分析，概括提炼街区核心历史文化价值：一个极具上海近代独特风貌和人文景观的社区。集中体现上海近代租界区住宅建设特点与发展脉络，以生活居住为主要功能，以各种类型的近代居住建筑为主体。这是体现老上海历史居住建筑多样性特征的区域，也是在中国近代史上具有独特人文历史内涵的区域。

历史文化价值的学术研究成果成功改变了城市政府原来对该街区市场价值的单纯追求，逐步形成了以历史文化价值为基础的社会、文化、经济和环境综合价值为目标的新的理念和工作方法。

市场经济背景下坚持控制性层面保护规划的"公共利益"性

在市场经济的背景下，我们必须强化规定性的内容，以进一步规范规划管理中的自由裁量权。这就是确定游戏规则而不是游戏结果。

控制性层面的保护规划是在对每一个历史环境要素和人文内涵等共同形成的历史环境进行深入科学分析的基础上，针对每一幢历史建筑、每一个历史环境要素确定明确的保护要求，并且提出该城市遗产区或历史建筑新的利用规划如何保证风貌特征的延续。在此基础上，确定具体的保护措施，并且通过法定图则明确范围和要求。

这一阶段的成果一经批准后作为规范性文件成为保护区保护规划建设管理的依据，并且是基于各种目的的开发、建设行为所作的设计的法定依据。

修建性详细规划对"核心价值"的提升

价值重现不仅体现在对历史建筑的合理再利用，更重要的是通过历史环境的保护与整治，赋予其合适的城市职能，从而达到重塑地区的精神，带来地区活力的目标。

规划思南路花园住宅区的性质为：具有上海近代独特文化和历史特点的高品

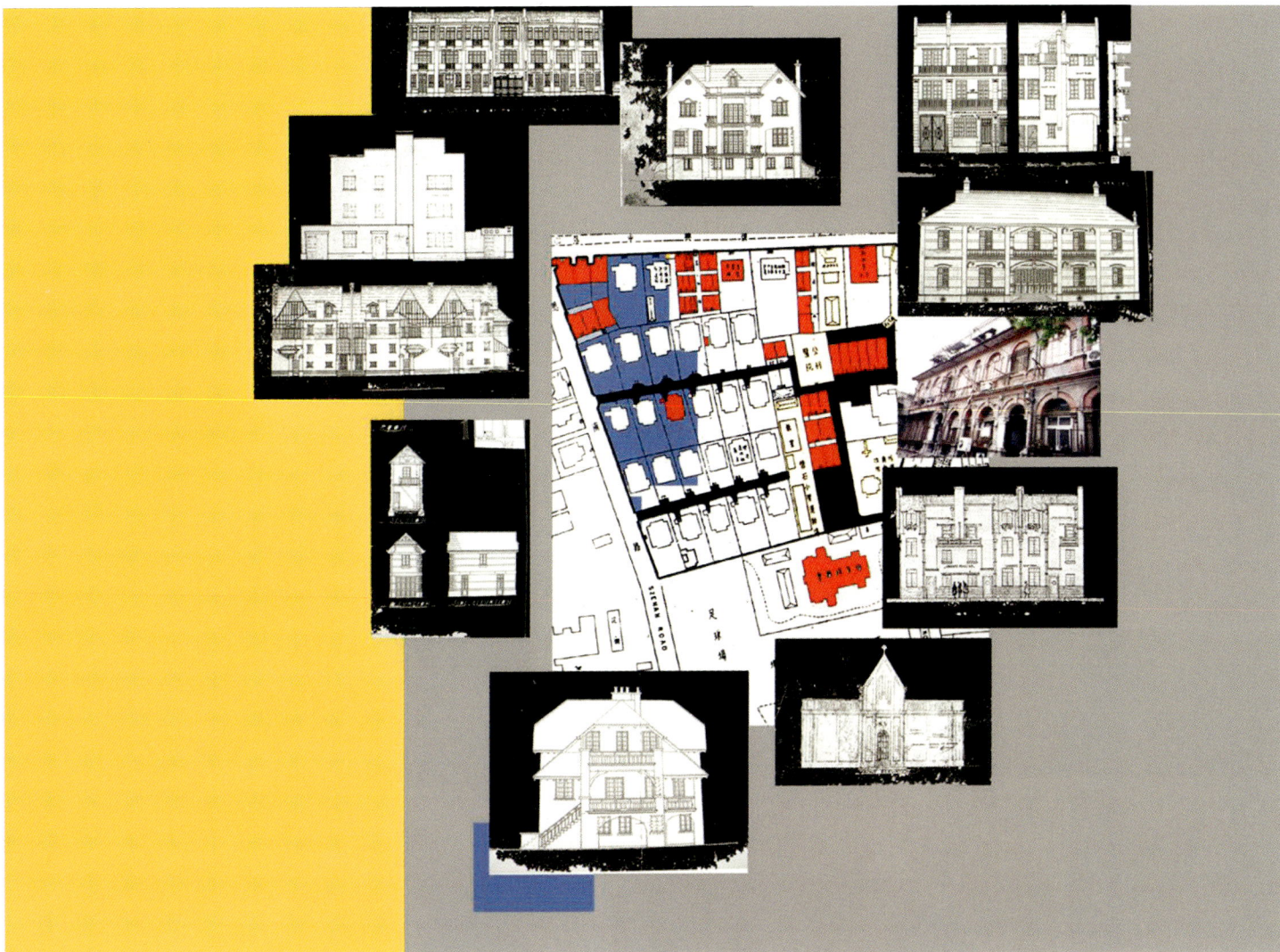

思南路花园住宅区保护与整治规划图

质的生活居住、休闲娱乐社区。这一性质集中体现了该花园住宅区的风貌特色以及保护与发展主题：在保护的前提下，通过周围腹地提供支持性的休闲娱乐服务设施，使该整体成为一个重要的城市文化景观点，更新为具有吸引力和地区特征的活动空间。

　　这个层面的规划是非常具象的，通过规划者的创作，在法定图则的规定内容下所作的可以实施的内容。具体内容包括建筑的内外部整治方案、环境的改善设计、地区功能的完善设计等，充分保持了该历史街区风格多样性、文化多样性和功能复合性的特点。

历史建筑的科学修缮和再利用

思南路花园住宅区的历史建筑的修缮设计采用了法国、德国以及本土的最先进的专业技术：首先进行非常科学的建筑立面、结构体系、平面、基础和装饰等方面的病理学分析；其次，采用样板试验的方式，经过两年的时间对新的修缮技术在艺术性、科学性、可逆性等方面进行现场试验；第三，对适应性再利用的技术在艺术性、科学性、可逆性等方面进行现场试验，最终形成完善的技术体系应用于整个街区。

1	2	1、3 历史建筑修缮前
3	4	2、4 历史建筑修缮后

1	2	1、3 历史建筑修缮前
3	4	2、4 历史建筑修缮后

新建筑的时代特征与情趣

在这片充满着 20 世纪初经典建筑语言的街区，新建筑走的是现代风，但尊重历史和文脉的理性主义的道路。将富有历史意义的材料创新地使用在现代建筑语言上，使新旧建筑交相辉映，互相衬托着不朽的艺术价值。

以非常现代的手法和简洁的体量经过丰富的组合，形成错动的节奏韵律。整体建筑群底层平面呈流畅的曲线，在老建筑周围形成活泼舒适的步行空间。在立面处理上，与历史建筑共同形成丰富的天际线，具有鲜明的特色。同时沿用钢、玻璃和木材等元素，创造现代简洁效果，在历史感厚重的街区中跳跃着时代的特征。

和谐共存的新老建筑组图

追求意境的环境保护与精心修复

环境是思南路花园住宅区核心价值体现的内容之一，保护规划中对环境进行了非常细致的分类控制，包括：庭院空间、沿街界面、内部通道、空间节点和其他环境要素。其中其他环境要素主要包括：树木、围墙、大门、弄堂口等。

保护规划、环境设计直至施工贯串了这一思想。呈现出庭院空间的完整性、私密性以及宁静、优雅的氛围，不同风格、开放程度的沿街界面，上海里弄住宅中的老弄堂，浓荫蔽日的老树和草坪都一一呈现。

着力体现庭院空间的完整性、私密性以及宁静、优雅的氛围组图

"十年磨一剑"——专家的全过程参与

思南路花园住宅区作为 1999 年上海市政府确定的"历史建筑与街区保护改造试点"之一,无论从规划编制办法还是在运作机制方面都取得了非常有效的试点成果。

在漫长的保护更新过程中,思南路花园住宅区始终得到上海市领导的关心和指导,卢湾区历届区委、区政府一任接一任坚定不移地接着干,坚持把保护优秀历史建筑和推进功能再生结合起来,努力把该项目打造成为上海优秀历史建筑保留保护改造的经典项目、传承海派历史文化的标志性项目。

从前期研究、保护规划、修建性详细规划,直到建筑修缮和再利用设计的各个环节,专家全过程的参与对展现思南路花园住宅区独特的历史意蕴起到了非常重要的作用,从中也体现了现代人的创新智慧。

城市中的"绿洲"

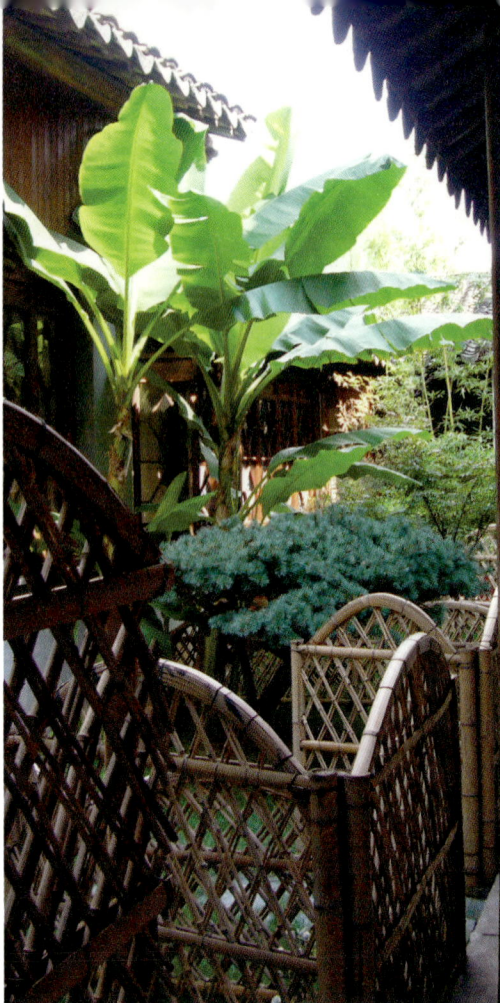

历史街区的永续发展

——江苏苏州平江历史街区文化产业培育

案例类型： 历史文化街区保护

城市地区： 江苏省苏州市

案例来源： 上海同济城市规划设计研究院《苏州古城平江历史街区保护与整治规划》（2002—2010）

参加人员： 阮仪三、林林、张琴等

获奖情况： 2005 年联合国教科文组织亚太地区文化遗产保护荣誉奖
2005 年建设部优秀城市规划设计二等奖
2005 年上海市优秀城市规划设计二等奖
中国民族建筑事业杰出贡献奖

主编按语

　　我生在苏州平江路钮家巷，如今那里还保留着昔日的风光。我们的祖国留下了众多优秀的城池，可惜经过近 30 年的建设已很难再找到其完整的身影，我希望苏州这座得到全面保护的古城，能给世人留下一段悠久历史的记忆，我想这不是我这个苏州人自私，而是为我们整个国家民族着想。我从 80 年代开始多次向苏州市政府建议要保留一块完整的与《宋平江图》相符的历史街区。自从划定平江历史街区后我坚持跟踪规划，先是把它作为教学课程设计项目，后是将其作为研究生毕业论文的课题，一直到推动平江区政府把它作为实施工程项目。做这个项目的规划设计者我都选用苏州人或是从苏州来的，这样他们自然就有一种责任心和感情，去一趟苏州也不觉得负担。

这个项目规划做了好多轮，我希望平江路一定要原汁原味地整修，在整修过程中，我经常去看，苏州规划局的相关人员也很认真，我们常常一起在现场研讨具体整治方案的调整，有时工程队对一些破旧老房子不按保护要求随意拆除并借口说是落架重修，我总是毫不留情地要求政府惩处，杜绝了那种建设性破坏，我还协助政府做许多居民的思想工作。因为是老家，有不少老同学、老邻居会缠住我要借我这个人情获得一些利益，因没有满足他们的要求，我也得罪了一些人。

整条街初步呈现整体风貌了，政府仅基础设施就花了几个亿，那时山塘街已修好并且有了效益，平江路的规划也就受到很大压力。平江区委书记、区长都顶不住了，要招商，要发展旅游商业，要收回投资成本，好像这是常规。我直接去找杨市长（原苏州市市长），要他改换思路，保护就是要投入的，和高速公路一样，造好了几年收不回投资成本很正常，为什么历史街区就要这么急？招商要招，但一定要坚持文化内容的植入，要有引导的政策和投资。市里压力减少了，区里就能下功夫寻求合适的单位和店家，并着力打造平江路的文化品牌，没有走一般历史街区沿街开满店铺，清一色的旅游小商品和饮食店的路子。现在平江路上没有一队队"打着小旗子的导游吆喝着驱赶游客"的旅游团，而是漫步悠闲的游客，它也成为拍婚纱和写真的绝妙场地。晚上没有灯红酒绿的酒吧饭店的喧嚣，有的只是清雅的茶社和昆曲、评弹在演出，音乐书店传出轻柔的乐声，沿河的石栏上坐着一对对情侣。我到苏州都会住在平江路，我会漫步在平江路上寻觅逝去的而又重现的那熟悉的味道。

● 苏州

遗产保护 · 产业复兴 · 永续发展

苏州平江历史街区是苏州古城内保存最为完整、规模最大的历史街区，是我国最早开始保护的历史街区之一。自2002年实施街区保护工程以来，坚持"政府主导、渐进改善、永续发展"的保护思路，始终贯彻正确的保护理念与方法，努力探索保护实施与经营管理的机制，尤其是充分发挥历史街区产业培育的优势，积极引导形成历史街区特有的文化产业品牌。如今，平江街区文化休闲产业已初具规模，呈现出良好的发展态势，它不仅是苏州人文化休闲的重要场所，也成为外地人及国际文化旅游人群体验中国文化、苏州文化的重要窗口。同时，平江街区正逐步形成强大的平台效应，产生文化聚焦、弘扬、传承、提升的延伸产品，形成促进产业发展的核心竞争力。

2005年，平江街区保护项目获联合国教科文组织亚太地区文化遗产保护荣誉奖，评委的评价称："该项目是城市复兴的一个范例，在历史风貌保护、社会结构维护、实施操作模式等方面的突出表现，证明了历史街区是可以走向永续发展的。"这不仅是对平江街区保护工作的高度评价，也成为街区发展最为重要的原则和要求。

历史街区的关键在于保护历史风貌

平江历史街区位于苏州古城东北角，街区面积116.5公顷，街区内拥有世界文化遗产古典园林耦园以及省市级文物古迹100多处，传统建筑16.7万平方米。街区至今保持了自唐宋以来水陆结合、河街平行的双棋盘街坊格局，堪称苏州古城的缩影，活的"宋平江图"。

平江街区河畔民居

平江街区保护范围划定图

历史建筑修缮前

历史建筑修缮后

建筑庭院整治前

建筑庭院整治后

市政管线入地前

市政管线入地后

2003 年，一期平江路风貌保护整治工程开始，区政府成立了专门的"平江历史街区保护整治有限责任公司"，以此运作街区保护工程与后续经营管理。平江路全长 1090 米，是街区内最典型的河街并行的历史风貌街道，两侧房屋建筑面积约 2.9 万平方米。实施中把平江路河街两侧的所有建筑分为文物建筑、传统建筑、一般建筑三大类，分别制定相应的保护整治措施。

对文物建筑，进行修旧如故的修缮，保存其原真性；对传统建筑，保存较为完整的按原样修复，损毁严重的保持建筑外立面历史风貌，内部调整结构与布局；对一般建筑，影响历史风貌的予以拆除更新或立面改造。总之，平江路风貌保护整治工程的经验在于，最大程度地恢复建筑的历史格局，最大程度地保存建筑的历史信息，是以建筑历史格局与风貌决定其后续功能利用，而不是根据建筑功能利用改变甚至破坏建筑历史格局与风貌。2004 年世界遗产大会在苏州召开期间，平江路保护整治工程得到了与会国内外专家学者的广泛好评。2009 年平江路入选首批中国十大历史文化名街，获中国民族建筑事业杰出贡献奖。

文化街区的内涵在于传承文化生活

文化不是凝固的瞬间，而是绵延不绝的发展的脉络。2004 年之后，在历史风貌保护整治的基础上，平江路两侧功能开始逐步调整。平江街区根据历史资源条件制定了三维空间发展的产业定位。首先，深入挖掘历史文化资源，形成厚重的文化生态基础。同时，以体验并实践"老苏州，慢生活"的理念为指导，展现街区在苏州文化中的传承脉络。在此基础上，秉承苏州文化的开放特质，打造精品文化交流平台，使之成为平江历史街区谋求永续发展过程中新的活力增长点。在这样一个三维空间框架下，形成了平江街区独特的产业培育条件。

历史上，平江路一直是街区内唯一的南北向商业性街道，沿路分布着大量商业服务网点。新的功能调整以原有传统院落为单位，将新的功能融入到历史空间的环境中，如主题型民宿、摄影工作室、会所沙龙、艺文创作室、休闲茶饮、收藏博展等。这样，平江路的保护利用就走出了旅游购物商业街的一般模式，而是既有风貌上的历史氛围，又有功能上的现代活力。同时，平江路项目占地约 3.2 公顷，占历史街区总面积的 2.7%，平江路的功能调整属于试验性质，在街区其他更大范围内立足渐进改善的指导思想，逐步完善市政基础设施，排除传统建筑的安全隐患，改善人居环境条件和质量，将历史街区保护与发展确定为长期的、循序渐进的过程。

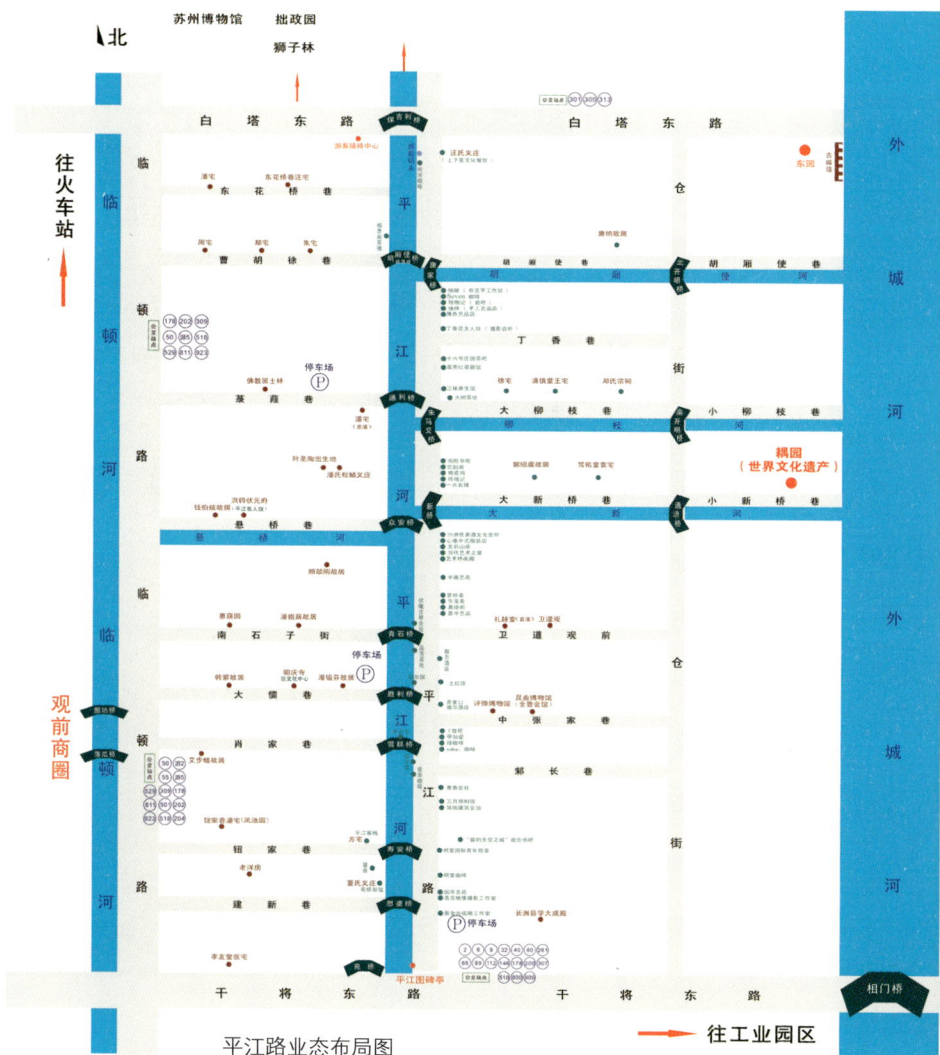

平江路业态布局图

掌控产业发展主动

　　平江路沿线近3万平方米传统建筑得到修复，这些建筑全部都以注入产业的形式投入使用，使其重新焕发自身的功能活力。在注入产业的过程中，街区坚持"只租赁不销售"的原则，掌握产业发展的主动权。

　　在吸引文化产业进入、招商择资的过程中，街区要求入驻文化业态能够突出历史、文化精髓，具备与苏州传统文化相协调的表现形式，具有热爱文化、弘扬文化和城市遗产保护的企业诉求，并拥有成熟的项目运作经验和资金基础。为了保证发展方向的不偏移，街区婉拒了十多亿资金的注入，打破利益围城，在坚守城市遗产保护职责的同时，塑造精品产业模式。

	2	
1		1 保护建筑修复后作为文化型民居客栈的平江客栈大堂
	4	2 客栈内部天井
3		3 平江客栈套间，典型江南水乡民居风格
		4 客栈标准间

打造文化产业品牌

通过精心选择，先后有 40 余家客商落户平江路。街区在管理中对店招店牌、装修风格等进行前期介入，以保证其与街区文化的和谐。街区中香港刚毅集团的平江客栈、上海中筑投资有限公司的筑园建筑会所、明堂杭州国际青年旅舍平江店、加拿大籍客商的翰尔酒店等项目以传统建筑风貌与现代居住条件完美结合的特色形成了"游水天堂、住平江路"的品牌号召力。苏州特色小吃、浙江客商的土灶馆、集吴侬文化的香馆、特色服饰店、酒文化会所、古琴乐器店、茶楼、民间工艺工作室等在充分展现姑苏地域传统文化的同时，以精品化、主题化的特色形成了品牌凝聚力。而台湾客商经营的上下若文化餐饮、法国客商开设的艺术桥画廊、摄影艺术馆、各类书吧等形成了精品文化休闲业态的聚集，与街区内市井生活相对照，营造出清晰的文化传承脉络。平江历史街区也日益呈现出传统与时尚和谐，怀旧情怀与舒适享受并举，浪漫休闲与文化探访交融的独特、雅致的环境氛围。支巷里还有昆曲博物馆、苏州评弹书坊以及顾颉刚、唐纳、洪钧、潘祖荫等名人故居。

特别是与国家级资源合作的"中国平江民族影像艺术交流中心"和 2011 年重点工程"中国平江城市遗产保护展示馆"等项目，能有效提升平江历史文化街区的产业品质，使其成为具有国际影响力的文化休闲产业品牌。

艺术画廊

筑园会馆特色画廊

天天满座的评弹书场

明堂青年旅舍的小庭院

创新产品营销机制

　　针对平江街区的产业特色和市场格局，街区采取解读理念、突出特色、打造精品主题活动、目标推介等方式进行多层次、多角度的市场营销，形成品牌差异化优势。一方面就城市遗产保护的实际经验和成果与业界进行广泛的交流宣传，引进法国文化遗产保护志愿者工作营等国内外优秀的遗产保护项目，有效提升品牌价值。另一方面，打造精品文化活动，突出在改善民生基础上形成的文化原生态保护和真正全民文化参与的品牌特色，营造"纯苏州"的品牌形象。同时，扶植精品业态，推出"平江饮茶文化博览会"等产品，带动产业集聚和目标市场推介，形成品牌活力和发展潜力。2010年平江街区获评国家AAAA级景区，入选苏州市政府国际友好交流展示类项目。

　　历史街区既是名城保护的难点，也是名城保护的亮点，越来越多的名城意识到保护好历史街区是彰显城市特色和提高城市综合竞争力的重要方面，是亮丽的城市魅力之地和活力之地。历史街区是动态的城市遗产，这注定历史街区的保护将是一个长期而艰难的复杂过程，历史街区的永续发展就是在保护的过程中，实现历史传承、经济繁荣、环境适宜与社会和谐的综合目标。

台商经营的文化餐饮外景

咖啡屋

临河休闲茶饮

现代休闲与传统民居生活和谐并存

以居民为核心

——云南丽江古城的遗产保护和社区发展

案例类型： 世界文化遗产保护

城市地区： 云南省丽江市

案例来源： 上海同济城市规划设计研究院《世界文化遗产丽江古城
保护规划》、《世界文化遗产丽江古城管理规划》（2002
至今）

参加人员： 邵甬、胡力骏、陈欢、赵洁等

获奖情况： 2007 年联合国教科文组织亚太地区文化遗产保护优秀奖

丽江

主编按语

　　说到丽江，人们就会想起它那美丽的玉龙雪山和流淌全城的清澈泉水，还有纳西
族美丽的传统民居和绚丽多姿的民族风情，但随着旅游事业的过度发展，人们纷纷追
逐起经济利益，大街上到处是店铺，房主出租了门面，表面上繁荣热闹，可原住居民
走了不少，就出现了文化空壳现象，这也是许多历史城镇和文化历史街区普遍存在的
现象。在欧洲、日本，他们有相关的政策、法规保护原住居民的利益，鼓励原住居民
的居留，中国还没有走到这一步。第二个大问题就是这些传统民居的修缮和改善，临
街的住户开了店都得益了，可以装修门面，整修旧屋，而街后的大多民居却得不到旅
游发展带来的好处，还有不少的贫困户更无力承担修缮的费用。保护古城要有必要的

投入，国家和国际组织的支持给了一定的资金，如何用好这些钱并能体现遗产保护的宗旨，同时要做到合理与公平，这是一件新的而又具有挑战性的事情。这份规划是与众不同的内容，用具体的实例来说明问题，这是在实施城市遗产保护工程中颇具启发的尝试，因此取得了明显的成效，理所当然地获得了世界遗产保护的奖项。

丽江文化遗产分布

别具一格的人工环境

以居民为核心的保护与发展理念

世界文化遗产丽江古城整体性的保护原则尤其重要。不仅仅要关注人工造就的物质形态遗产的保护，更要关注作为背景要素与环境必需的自然生态系统的保护，也要关注作为物质形态遗产源流的地方性历史文化传统的保护，以及历史形成的地方性社会生活体系的保护。

基于整体性保护的思想，丽江古城从 2004 年开始实施"遗产保护＋社会发展"策略，旨在达到两个方面的目标：

一、保护世界遗产的真实性和完整性。作为一个活着的世界遗产地，我们强调对其进行整体性的保护，而非单体纪念物式的保护。因此，保护的内容包括古城空间格局的保护，古城天际轮廓线的保护，古城传统文化的继承和传统经济的发展，保留古城原住居民的居住，并且改善他们的生活与工作环境。传统民居是丽江古城的遗产本体，是中国少数民族建设的自然与人工、艺术与实用完美结合的建筑类型，其中包含了非常高的有形的和无形的文化遗产价值。对传统民居保护建立长期的有效的保护机制是对于世界遗产真实性和完整性的最重要保障。

二、改善居民生活环境，保护原住居民的利益，促进社会和谐发展。面对丽江古城成为世界文化遗产后因旅游迅猛发展所造成的对于原住居民利益以及原有社会结构的威胁，通过建立公－私合作的长期的"循环式"的传统民居改善计划（一方面通过公共基金的补助和所有符合条件的居民私人资金共同来改善居民的生活环境，同时通过补助契约以及积极建立新的社区中心的形式，使得原住居民乐于继续生活和工作在古城中）为丽江古城原住居民提供充分的在古城内就业的机会，从而达到社会和谐发展的目标。

1	2
3	

1 纳西族生活场景
2 纳西族妇女
3 浓郁的古城特色

玉龙雪山下的丽江古城

以居民为核心的修缮计划——建立公－私合作的传统民居改善计划

　　从保护世界文化遗产丽江古城真实性和寻求社会经济和谐发展的角度，从 2002 年开始，世界文化遗产丽江古城保护管理委员会与美国全球遗产基金会（Global Heritage Fund）签署了《丽江古城传统民居修缮协议》，为世界文化遗产地丽江古城范围内（包括大研古城、白沙民居建筑群和束河民居建筑群）传统民居的修缮工程建立补助基金。

　　为了达到预定目标，我们为该基金的申请与使用设定了特定条件：

　　1. 户主必须是本地居民，并在古城内居住十年以上者，自然继承者视为同等条件；

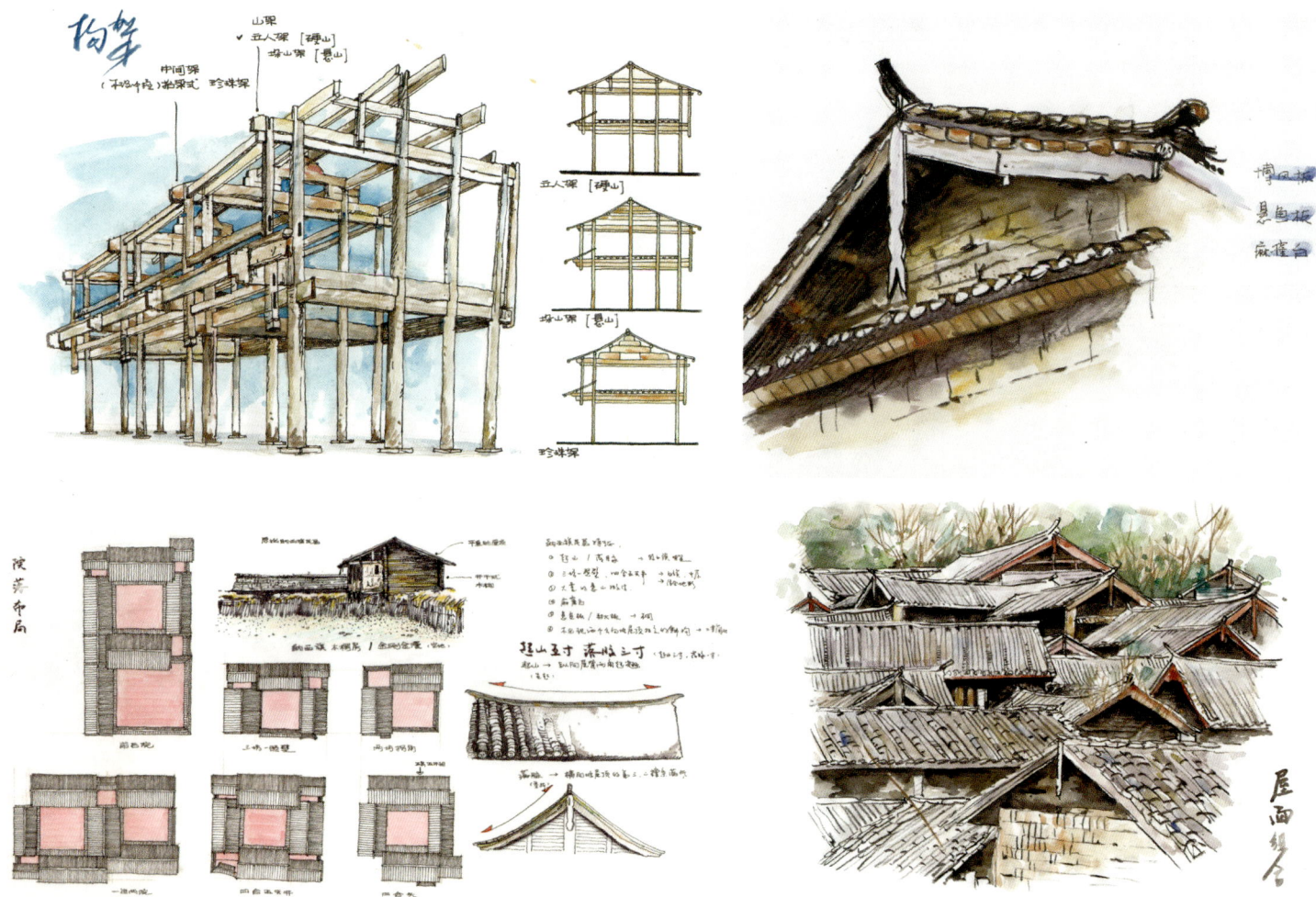

1	2
3	4

1 传统建筑结构图
2 山墙屋檐图
3 传统民居院落布局图
4 屋面组合图

2．申请资助住房未用于营利性活动，且修缮后也不用于营利性活动；

3．家庭年总收入低于 20000 元人民币（该数值将根据每年情况有所变化）；

4．必须根据《丽江古城传统民居维修手册》对传统民居进行修缮。

获得批准的修复工程，视其历史价值、破损程度、所需修复资金的大小，以及居民家庭的收入状况等情况给予修复补助资金，不足资金部分由居民自筹解决。

该原住居民住房修缮补助政策的实施有三个步骤：

1．申请与签约。符合补助申请条件的当地居民可以向所在的街道办居委会提出补助申请，在征求四邻意见，居委会对申请条件进行审核和世界文化遗产丽江古城保护管理局（以下简称"古管局"）对建筑状况进行审核后，居民和古管局签署《传统民居修缮协议》，明确补助资助工程的所在部位、金额和保护要求等，并根据预算给予一半的补助资金。

2．施工与监督。获得资金补助的项目必须由符合标准并经认可的施工队进行修缮施工。古管局技术人员进行日常性质量监督，古管局聘请的保护专家进行阶段性质量监督。

3．验收与审计。获得资金补助的项目施工完毕后，古管局对工程进行验收，如验收合格，则根据实际产生的修缮工程费用给予剩余补助资金。

从 2002 年至 2006 年，丽江古城通过该计划共修缮了 174 户传统民居，约 41760m²，总造价为 444000 美元，户

整修施工过程组图

民居修缮前组图

民居修缮后组图

均修缮成本为 2550 美元，其中丽江市政府和美国全球遗产基金会组成的基金补助了修缮成本的 50%，原住居民家庭支付剩余的 50%。其中有些原住居民家庭为特别贫困家庭，经过申请同意后得到了更高比例的补助。

　　这个长期的、有计划的、公 - 私合作的并且有保护修缮专业指导和监督的传统民居修缮计划在 2007 年获得了联合国教科文组织亚太地区文化遗产保护优秀奖。获奖评语为：丽江古城内 174 幢传统建筑的保护是公众与个人共同保护地方遗产的里程碑，使得在一个整体的世界遗产地保护管理规划框架内居民、管理者、专家和捐助者得以广泛合作。鉴于该政策在遗产保护和社会发展方面所取得的显著效果，丽江市政府明确表示要坚定地大力推进该计划。

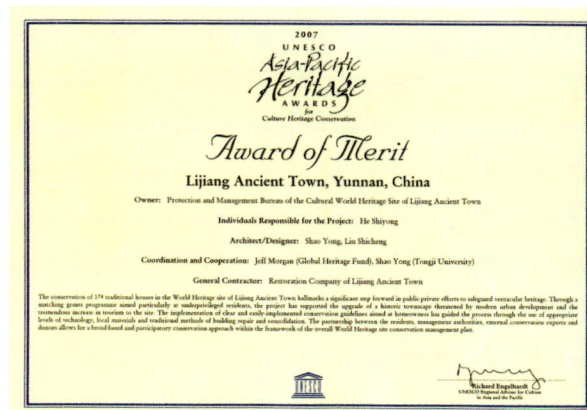

UNESCO 亚太地区文化遗产保护优秀奖奖状

以居民为核心的支撑体系规划——建设符合现代人居理念的生活环境

2002 年至 2003 年间，世界文化遗产丽江古城管理委员会办公室成立，即投资 1 亿元人民币在古城内铺设排污支管至 2600 个院落和 330 个店面，铺设供水管 13.3 公里，消防栓 100 个，增建 400 立方米消防水池一座。电力线、电信线、有线电视线入地 4.9 公里。

2004 年，丽江市政府投入资金 1600 万元人民币，对丽江古城内的民居内电气线路进行全面的改造，防止火灾隐患。

2005 年，丽江市政府投入资金 1000 万元人民币，实施完成沿河截污工程，使得丽江古城排污系统工程管网建设全面接入使用，方便居民生活，同时也消除了丽江古城的水污染。

2006 年，丽江市政府投入资金 500 万元人民币，进行公共厕所改造工程，使得游客和居民能够拥有现代、舒适的如厕环境。

基础设施管线

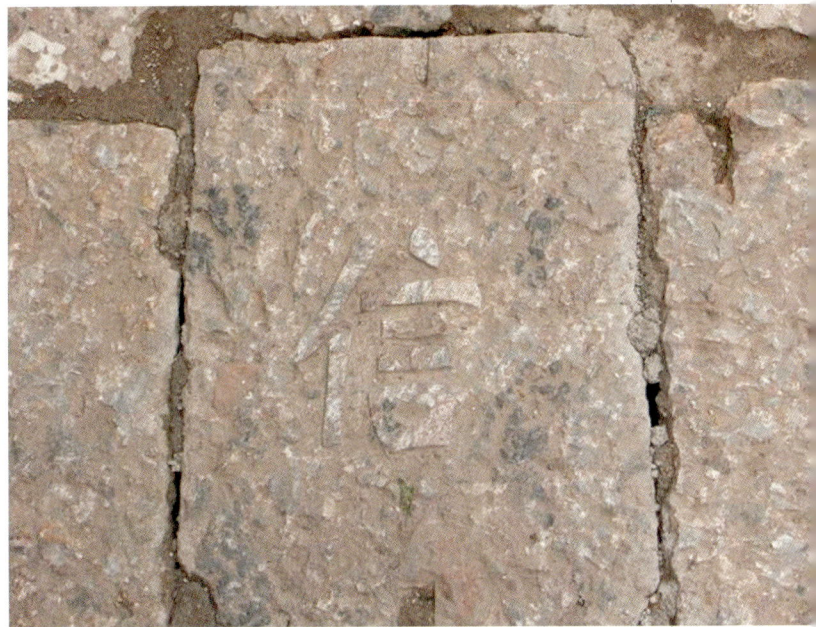

基础设施铺地

以居民为核心的空间规划——构筑新的公共活动空间网络

随着 1997 年开始的旅游快速发展，大量的游客在古城开放空间的逗留将丽江原住居民挤出了这些原本属于他们的公共活动空间。《世界文化遗产丽江古城保护规划》结合古城内建筑的整治和用地的调整，增加面向居民的公共服务设施用地。尤其是结合原有工厂用地的调整，配备老年人活动中心、文化娱乐设施、诊所、修配店等生活服务设施。通过新的社区中心的建设，为喜好集体活动的纳西族居民提供新的公共活动空间。

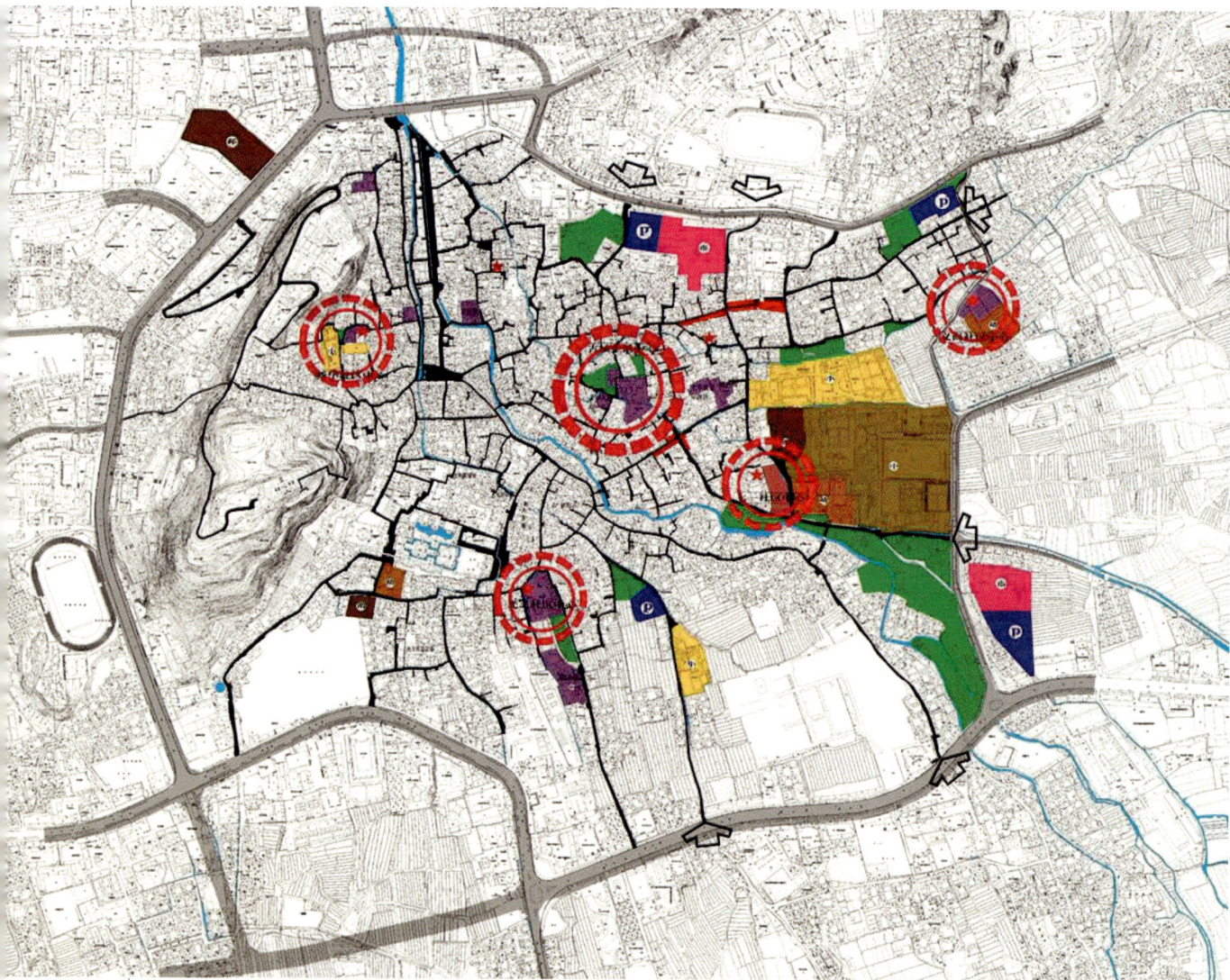

社区活动中心规划图

居民公共活动

商铺

传统用水的保持

以居民为核心的产业规划——在劳动就业的同时传承与发展文化

1．通过"准营证"制度整治古城旅游环境，保证原住居民就业机会。

2003 年开始实施的世界文化遗产丽江古城的"准营证"制度可以说是中国第一个对城市遗产区内的经营活动实施的准入制度。通过该制度，除了对古城内经营活动的位置、内容、形式等进行规范，保证了对世界遗产地物质空间的保护，同时还明确规定：所有经营户，从业人员有 5 人（含 5 人）以上的，本地居民应占总人数的 70% 以上；5 人以下的，至少要有 1 名本地居民。"准营证"制度实施以后，原住居民申请经营具有地方传统民族特色项目的行为得到了很大鼓励。从 2005 年开始分别有"何志刚书院"、"打铜院"等相继开业，一方面成为地方文化传习的场所，另一方面也给游客提供了深度了解丽江地方文化的机会。

2．设立古城便民服务中心，形成原住居民自我服务的社会支撑体系。

2004 年，在丽江古城管理有限责任公司下成立的古城便民服务中心，充分体现了丽江古城"以城养城，自我发展"的思路。其主要职能是：负责提供古城内常住居民的人力运输服务；负责古城内公共环境的清理等。

这个便民服务中心的设立，一方面提供了大量的原住居民就业机会，另一方面为古城居民日常用品的运输提供了无偿服务，降低了古城居民的生活成本。同时使得古城的运输、安全和环境得到了很大的改善。

以居民为核心的产业规划组图

地震袭来见分晓

——四川昭化古城保护修缮

案例类型： 历史文化名镇保护（昭化历来是城市的建制，20 世纪 80 年代以后行政区划调整为广元市元坝区昭化镇的建制。故本文统一为"昭化古城"。）

城市地区： 四川省广元市元坝区

案例来源： 上海同济城市规划设计研究院《四川广元昭化古镇修建性详细规划》（2006—2008）

参加人员： 阮仪三、林林、顾晓伟、袁菲、李文墨、柴伟中

获奖情况： 2009 年四川省优秀城乡规划设计三等奖

主编按语

　　四川广元昭化古城是按照"整旧如故，以存其真"的思路来修建的典型实例，它的成功整修呵护了古城民居免受大地震的灾难，又证明了中国传统优秀古建筑的卓越的科学创造，为此我曾在《文汇报》上写过一篇"地震一来见分晓"的文章，《人民日报》海外版也有类似的文章报导，但是昭化偏远了一点，去的人不多。2005 年昭化古城的上级元坝区的苟英明区长来上海挂职学习，请我去帮他们做古城规划。昭化是三国时代建城，留下许多重要的历史古迹，滔滔的嘉陵江绕城而过，巍巍的牛头山青葱如黛，古城残留着城墙和城门洞，文庙大成殿是明代的遗物，"文革"中红卫兵把屋顶下斗拱高翘的昂嘴全锯掉了，像折断的牙齿，十分可惜、可悲。大街上全是明代式样的木制门面，有的有木柱廊和街门楼，还有许多明清时代的民居，一式的木结构、瓦

屋顶、青砖墙，近年来老街上也新建了不少方匣子平顶楼房，有的贴了瓷砖，显得很不协调。当按规划设计开始实施古城的整修时，就出现不同意见了。有的领导只想搞旅游，做表面文章，有的还搞起了假古董。我就把一些领导请到了苏州平江路、绍兴仓桥直街和越子城这些按原样修复的典型地区实地考察，大家统一了思想，古城工地上挂出了"昭化古城原样修复指挥部"的牌子。我们想办法申请木料计划，寻找老石板，招聘有经验的老工匠，后来找到了德阳古建研究所精通木工技术的老工程师，从而保证了工程质量。到2007年底昭化古城北门城楼、十字大街的沿街建筑重铺了石板，敷设了上下水管，也整治了部分老民居，古城初现了历史风貌。整修中政府对老百姓

昭化

的民居给予了补助，按规划要求自己整修，但要严格地按规划执行，有的居民不愿意参加，占据好地段的商家也不愿意拆改，我们也不勉强，而是耐心等他们想通。

2008年5月12日汶川大地震发生了，广元属十大灾区之一，在地震的满街烟尘散去之后，人们惊奇地发现这些已修缮的老房子没有一幢倒塌，而那些没有修的，前几年盖的方匣子楼房塌了、毁了，全城只有几个人受伤，没有人死亡，人们亲身体验了木结构老房子的优越性。过了两天昭化的区长就打来电话，祝贺我们的规划设计真正地保护了古城，也保护了人民的安全，又说那些没修过的房主都争着要政府帮他们重修改造，所有的商家态度也变了，不久，昭化的第二期工程开工了，古城保护规划得到了迅速而又全面的实施。

经历了地震，人们清楚地认识到了中国古代传承下来的木结构建筑体系的抗震性能。我们保护古建筑、古城镇，不能单纯以为就是用做参观、旅游，而是为了留存我国古代优秀的建筑精华，从中我们可以得到智慧和启迪。昭化古城就生动地体现了保护历史文化古城的重要意义。

昭化古城平面图

保护为民，庇佑苍生

我国早年历史城镇保护都是走"保护古城（镇），发展旅游"的道路，这对全国历史城镇的保护起到了很好的推动和示范作用，但也使很多地方政府简单地认为保护历史城镇就是为了发展旅游，从而使历史城镇保护的问题从"重视不够"矫枉过正地转向"急于求利"。同时，有些地方政府不尊重民众意愿，在开发中"与民夺利"，出现了历史环境保护得很好，旅游发展也很兴旺，但是民众并不拥护的情况。

四川广元昭化古城的保护，政府主要从关注民生、改善人居环境，让古城居民成为保护的最大受益者出发，从而使广大民众真心拥护古城保护工作，全心投入到古城保护中来。由于古城传统民居都得到了全面修缮以及传统木构建筑的良好抗震性能，在经历了 2008 年 "5·12" 汶川大地震之后，广元作为四川受灾较为严重的地区之一，昭化古城内无一人受灾死亡，百姓称颂是政府的古城保护工作庇佑了苍生。

巴蜀第一县，蜀国第二都

昭化古城地处四川省广元市元坝区，距成都 270 公里，古城面积约为 20 公顷。昭化古称 "葭萌"，三国时期，刘备以昭化为根据地，建立蜀汉政权，被称为 "巴蜀第一县，蜀国第二都"。昭化 "以城为关" 一直是蜀道上的重要节点，至今完整保存了金牛古驿道、明代古城墙、三国大将军费祎墓以及传统民居建筑群等众多历史文化遗存，突出体现了三国蜀汉文化的丰富内涵。

政府高度重视，实施组织有方

2006 年编制完成了保护修建性详细规划后，元坝区委区政府把昭化古城保护作为全区重要的发展机遇，成立了 "昭化古城保护与发展管委会"，集全区人力物力财力，全力以赴，用了不到两年时间恢复了古城完整的历史风貌，取得了显著成效。古城保护修复工程包括城墙城楼、县衙文庙等文物古迹的修复，传统街巷两侧传统民居的保护整治、市政基础设施的入地等项目。

昭化古城与周边环境
构成 "山水太极" 格局

　　2008 年发生"5·12"汶川大地震时，古城二期保护工程正在进行中，震后昭化古城的保护工作非但没有受到阻断，而且当地政府一如既往地把古城保护与灾后抢救修复结合在一起，按计划全面完成了古城保护修复工作。2009 年昭化被评为第四批中国历史文化名镇。

　　传统街巷两侧建筑的保护整治是古城保护的重要项目，涉及近 300 户居民和单位。沿街建筑的保护整治由户主自行出资，政府补贴 60%，整治设计与施工也是户主自行组织人力物力，但是所有的设计由古城管委会审查是否符合保护规划要求，涉及风貌保护的主要建筑材料由古城管委会统一购买。为帮助广大民居理解和支持保护整治工作，古城管委会组织所有参与整治工程的户主到四川其他完成保护整治工作的古城镇参观，吸取别处的经验和教训。在工作组织中，为能及时沟通每个户主对整治工程的需求，区政府安排全区所有政府部门指派专人定向服务 3 ~ 5 户，指导协助从设计审批到现场施工的每个环节。

未经整治前的街景

整治后历史建筑得到修缮，恢复了石板路，影响风貌的市政管线入地

未经整治前街景，中为东城门（东门外街）

整治后街景和重修的东门城楼（东门外街）

严格贯彻规划，坚持正确理念

　　昭化保护工程最为重要的一条经验就是：严格按照保护规划实施。从沿街民居保护整治到重点文物古迹的修缮修复，无一不是按照修建性详细规划实施的。同时在保护工程中遵循了科学、正确的保护理念，采用原材料、原工艺、原样式，认真贯彻了"修旧如故，以存其真"的保护原则。

　　对历史建筑的修缮，采用传统的"偷梁换柱"、"移花接木"的修缮方法，只对建筑毁损部分进行修补。对一般建筑的整治，采用"斩头去尾"、"改头换面"的改造方法，用传统的样式改造其建筑立面与造型。

1	2
3	4

1　历史建筑院落整治前
2　历史建筑院落整治后
3　一般建筑立面整治前
4　一般建筑立面整治后

　　对文物古迹的修缮，遵循不改变原状的原则，最大程度地保留有价值的历史信息。如对明代城墙的修复就根据现存状况采用了三种不同的修复方法：一是对南侧遗存的城墙夯土遗址采取废墟式保护的方式，不修复原有外包的城砖；城门处的城墙由于留存完整，型制明确，与城门相接部分就恢复了部分城墙；对根据资料只知道其走线而无遗址存在的三分之一周长的城墙，则采取景观提示的方式，在原有城墙位置砌筑石块和树木暗示城墙的走向分布。

　　这样城墙修复工程既能最大程度保存有价值的历史信息，体现原有城墙的完整格局与型制，同时也不盲目修复全部城墙，减少了工程造价，取得了事半功倍的效果。

昭化城墙全景

1	2
3	4
5	6

1 废墟式保护的城墙夯土遗址

2 南门遗址广场

3 城墙修复段原貌

4 按照原样修复的城墙，并拆除城墙上原有的搭建

5 无遗址存在的部分城墙走线

6 用景观提示方式恢复城墙走位

关注改善民生，保护让利于民

昭化古城保护工程以市政基础设施先行，所有管线都接到户，原有影响历史风貌的市政管线入地，恢复街巷的石板路面。街景整治工程中并不是只解决沿街一层皮的立面问题，而是将居民对沿街建筑与院落的改善要求结合起来，在符合历史风貌保护要求的前提下，尽可能满足居民对建筑面积、朝向等各个方面的要求。

由于政府在实施中坚持群众观点，工作细致周全，使古城居民充分认识到保护将为他们的生活带来更大的益处，因此各项保护工程得到了居民的积极拥护。整个街景整治工程的费用主要由居民自行承担，沿街民居无一户需要动迁，无一户拒绝实施，无一户违反保护规划。同时，古城民居纷纷看好昭化保护发展的前景，利用原有的沿街店铺开始经营与古城传统文化相关的特色商业，增加了古城民居的就业机会和经济收入。经整修后的历史建筑的房价和租金都比过去有很大的提升，居民得到了最大实惠。

昭化古城规划鸟瞰图

地震来袭见分晓

2008年，正当昭化古城二期保护工程如火如荼进行之时，突如其来的"5·12"大地震使昭化古城经受了严峻的考验。昭化虽然地处汶川大地震分布密集区，但是由于地震前大部分文物古迹与传统建筑得到应有的修缮，传统木结构建筑具有先天的良好抗震性能，避免了地震中建筑的严重毁损，大大减少了人员的伤亡，古城内仅受伤9人，无人员死亡。而古城内的砖混和钢筋混凝土结构的建筑则受到严重损毁，甚至倒塌。

昭化古城区与区域内其他规模相当的行政村相比，受灾情况较轻，房屋全塌和严重受灾8户，受损房屋31间，面积930平方米，而其他行政村房屋全塌和严重受灾户都是百户以上。

尽管地震灾害是残酷的，但是经过这场严峻的考验，人们更加认识到保护我国优秀历史文化遗存的重大意义和古城的历史文化价值。昭化古城因地震前及时保护修缮而避免遭受重大地震损失的消息不胫而走，吸引了全国各地的人们慕名前往参观，成为古城地震后又一新亮点。古城居民吸取保护与地震的经验，普遍将更多的传统材料和结构形式运用到地震后的新城区的民居建设中，也取得了与古城区传统风貌的协调。

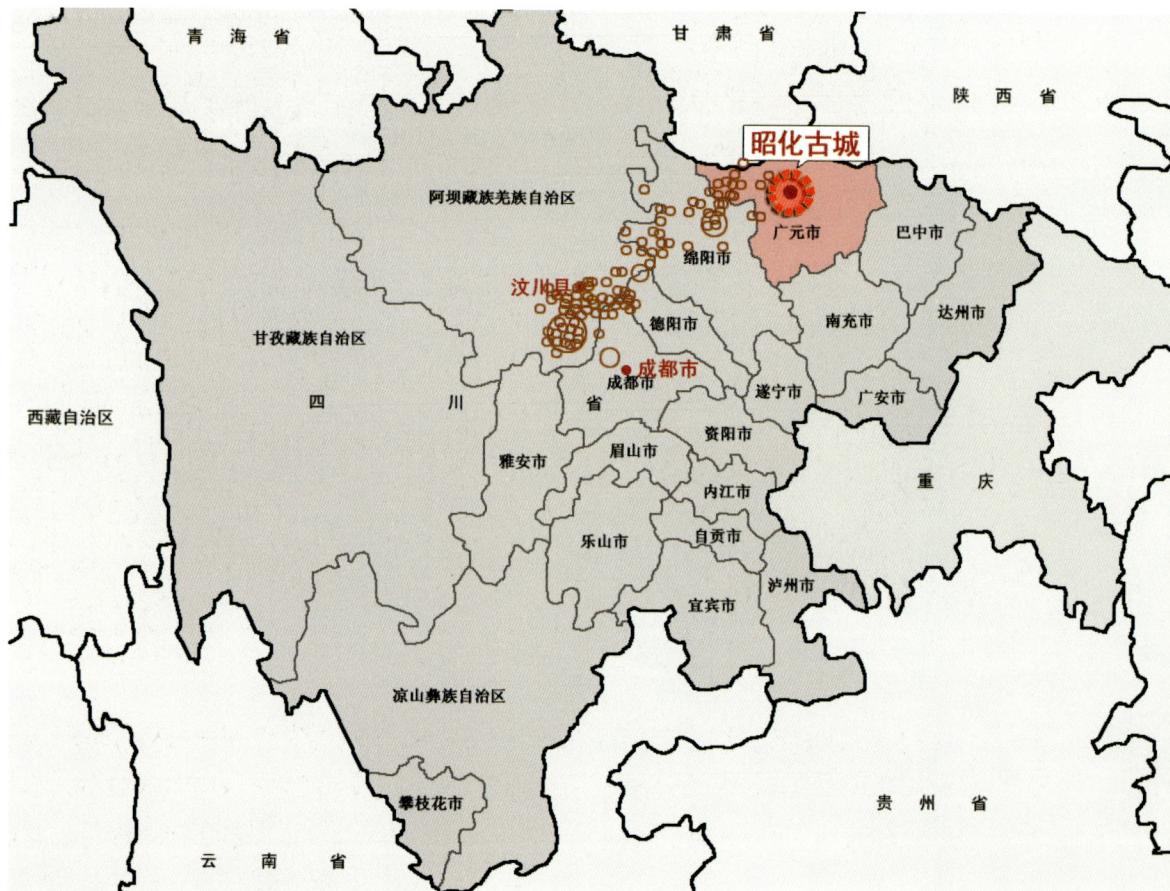

昭化区位及汶川地震余震分布图

居民自行建造的钢筋混凝土混合结构建筑毁损严重组图

未经整治的沿街建筑（相府街）　　　　地震后，除屋瓦坠落，老街建筑基本完好（相府街）　　整治后的沿街建筑（相府街）

未经整治的沿街建筑（太守街）　　　　整治中的沿街建筑（太守街）　　　　地震后沿街建筑基本完好（太守街）

省级文保建筑文庙考棚地震后遭受破坏，　　文庙考棚在地震后得以修复　　　　地震后的新民居建设
但是木构架未坍塌

昭化古城的保护实践证明，历史城镇的保护模式应该是多元的，昭化古城的保护实践构建了"政府全心主导、民众真心参与"的和谐模式，是新时期历史文化城镇保护实践贯彻落实科学发展观的生动体现。只有在科学发展观的指导下，正确认识历史城镇的发展内涵，坚持正确的保护原则，着重处理好城镇发展策略、历史环境保护、人居环境改善、旅游环境提升、文化传承创新等方面的问题，才能引导历史城镇走有永续发展之路。

保护与更新互促、有形与无形结合、人文与生态协调

——广东雷州名城保护和规划

案例类型： 历史文化名城保护

城市地区： 广东省雷州市

案例来源： 同济大学国家历史文化名城研究中心《雷州国家历史文化名城保护规划》（2006—2009）

参加人员： 阮仪三、袁菲、张艳华、顾晓伟、葛亮、李涛、李玉琳、邢振华、刘耀辉、何健、黄立泉、莫廉、林宏、邓存翰、陈志坚

获奖情况： 2011 年度上海市优秀城乡规划设计一等奖

2009 年度上海同济城市规划设计研究院优秀规划设计二等奖

主编按语

　　雷州，又名海康，始于先秦军事卫城，自汉代起逐步发展为我国南部重要的航运和对外贸易城市。雷州古城文物古迹丰富，传统格局鲜明，街市骑楼绵长，民间信仰兴盛，有"天南重地、海北名邦"之美誉。1994 年列入第三批国家历史文化名城。1996 年即由同济大学国家历史文化名城研究中心承担编制，完成了首版《雷州国家历史文化名城保护规划》，使雷州名城保护与发展建设的各项活动在规划指导下有序开展。

　　进入新千年，许多有关历史名城保护的新条例、新法规颁布，雷州城市发展建设日新月异，在首版《名城保护规划》实施十周年之际（2006），雷州市国家历史文化名城管理局邀请同济大学国家历史文化名城研究中心再次承担新版雷州名城保护规划的编制工作。新时期规划修编的主要任务是：

1. 根据新的法规条例要求和城市发展建设的实际情况，对旧版保护规划进行调整和深化，规范制定保护措施。

2. 对古城重点地段制定控详层面的地块保护与建设控制规划，从而合理衔接保护与更新等城市发展的各项建设活动。

3. 针对雷州古城内留存的南洋特色骑楼风貌街道，制定街景修缮整治导则和立面设计，为骑楼街修缮工程的实施提供科学适用的设计支撑。

新修编的《雷州国家历史文化名城保护规划》跳出"就古城论古城"的"盆景式保护"，将"历史文化名城"作为城市发展的第一属性，提出"保护与更新互促、有形与无形结合、人文与生态协调"：不仅注重保护古城格局、街巷建筑、历史要素等物质遗存，还深入研究雷神雷剧、石狗信仰、民俗生活等非物质文化的落地保护，通过调查–评定–筛选–策划–展演–培训等一系列举措，将无形文化的继承有机融入物质性历史环境的保护与发展中；规划制定主线、西线、南线"三线保护"的历史文化人字轴和环绕古城的历史水系与城防堤坝生态环境保护，将万亩洋田作为古城格局保护的重要内容，同时辅以"控高分区、视线通廊"等建设控制措施，维护古城台地的历史地貌和"城·海·湖·山"交相辉映的和谐景观，该规划成果荣获《上海市优秀城乡规划设计一等奖》。

雷州名城概况

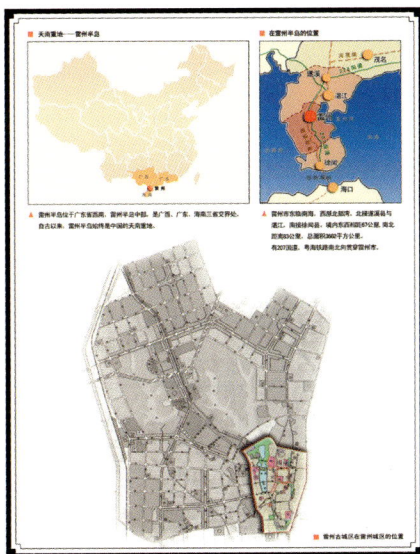

雷州名城位置图

新版名城保护规划建立了"雷州市域——历史城区——街区地段——文物古迹——特色要素"五个层级的遗产保护框架。在市域层面，全面完善市域历史村镇的调研评价；历史城区层面，重点强调对"十字方城、城外延厢"的历史格局的保护和传统街区尺度肌理的延续；此外还特别提出对雷州半岛特色文化要素的保护，如对"庙宇–戏台–井台–坪场–古树"共同构成的信仰文化与生活空间的整体成套保护，又如对广泛存在于街头巷角、门前院墙的石狗造像，制定了就地保护与发展延续的措施等。

雷州

规划成果将完整的名城体系与切实的操作指南进行整合，根据名城管理者的使用需求编排为三册：文本——简明严谨，是指导规划实施的管理手册；说明书——详尽解说，供管理人员查询、参阅、释疑；街景设计——直接服务于整修工程。

雷州名城规划遵循的原则

1．保护历史环境的整体性

严格保护古城周边的自然环境，充分尊重古城布局结构、传统肌理、街巷格局、历史遗存等人工环境；深入挖掘古城的传统文化、民间工艺、民俗风情等，整体性把握古城的人工、人文、自然环境。

规划调研现场

1	2
3	4

1 东林全貌
2 东林古宅
3 青桐古宅
4 昌竹古碉楼

2. 保护历史遗存的原真性

保护雷州古城的山水格局、城市肌理、空间结构、街巷尺度、绿化田园、文物与历史建筑等真实的历史信息，保护并发扬雷州古城丰富的历史文化内涵。

环绕古城的万亩洋田

3. 保护历史城区的多样性

保护雷州古城内现存的古民居、古街巷、古庙宇、古店铺、古井、古塔等丰富多样的历史环境要素，保护街头巷里丰富多彩的传统民风、工艺技术、民间文化等，保护历史城区因历史积淀而形成的丰富细腻的文化生活特征。

邦塘村调查表

总述	历史村落(城镇)名称	海康镇十九都石奇村（邦塘村）
	所在镇	白沙镇
	保护级别	
	主要风貌特色	明、清古建筑群
	主要形成时期	始建于___明朝初切期___，繁荣了___清光绪___
	占地面积	四至范围___，占地面积共___公顷
地理	对外交通(水陆陆地)	207国道，南北要道
	地形地貌(山岭间题)	山丘
历史	历史发展演变村落盛衰分析	祖先以文化发展为准，现在以增加文化发达
风貌特色	周边自然环境和建设情况	古民居东西两边大片果园发展种养业，古民居后面建设现代新农村
	街巷格局	街宽4米

主要街巷	街巷名	长度(m)	宽度(m)	地面铺装	两侧建筑高度(m)	备注
	中和	200	4	砖石	7	
	庶计间	200	4	砖石	7	
	唐进巷	200	4	砖石	7	
	成悦巷	500	4	砖石	7	
	晋熙巷	200	4	砖石	7	

	文保单位	国家级、省级、市级、县级各___处，分别为：
主要历史建(构)筑(尚存的)	民居宅第	李光祖72间，外翰第、翰林住宅等
	祠堂庙宇	李氏祠堂、邦塘庙
	书院会馆	翰林书院
	仓栈店坊	粮仓
	古戏台	
	古牌坊	
	古桥古井	明代古井
	其他	古塔、古碉楼
	古遗址(已消失的原貌古建)	
	名人故居(许明消失或尚存)	名人故居大多数尚存
	古树名木(100年以上)	见血封喉、格木30多棵
	其他特色要素	邦塘的黄皮果

完整度		
	建筑群与街巷落(航理)	■完整、□比较完整、□一般、□差
	大部分民居院落(格局)	■完整、□比较完整、□一般、□差
	重要历史建筑(节点)	□完整、■比较完整、□一般、□差
	特色构件雕刻等(细部)	□完整、■比较完整、□一般、□差
	完整度简评	60%

传统建筑主要特征		
	建筑正房朝向	■东、□西、□南、□北、□其他___
	庭院、天井、花园	□一进、■多进，长宽基本尺度为___6*6米___
	屋顶形式色彩	□双坡、■单坡、□平顶；■灰瓦、□红瓦、□黑瓦
	主要外墙材料	■石、■砖、■土、■木、□竹编楼、□水泥砂浆、□其他___
	外墙身主色调	□白、■暖灰、□冷灰、□青、■褐、■砖红、□其他___
	大门做法	位置朝向___东、西___，门框门楣___木___装饰雕刻___文线___，刻印古姿花窗，说明___表示门当户对___
	窗的做法	外墙窗特征___天井院落窗特征：古姿草龙式花窗___
	铺地	材质___红砖___，做法___静砂铺平___
	柱础	材质___天蓝石___，样式___方形___
	柱身(打句)	■校柱、■直圆柱、■直方柱、□其他___
	结构(打句)	■穿斗、□抬梁、□穿斗+抬梁、□硬山搁楼、■砖木、□砖石

社会生活状况		
	人口状况	户籍居住人口___3000___人，共计___户，人口密度约___人/公顷
	宗族关系	村落血缘(打句)：■单姓、□双(三)姓、□杂姓、□其他___ 主要姓氏为___李氏___
	居住质量	(厨卫设施，人均居住建筑面积，水电煤等)___人均居住35平方米，厨卫、水电全备___
	生活状态	主要生产方式___种养___，收入来源___养鸡、种植、外劳工___ 老龄化状况：65岁以上老人占居住人口的比例为___3___%

非物质文化遗产	传统产业	农作物、经济作物、副业、手工业
	公建配置	教育、医疗、办公、商业
	名人轶事	晋熙、绍铎、云龙等67名 清代名人：翁万刚、陈乔森等宁迹有存
	典故传说	南凡第一村
	宗教信仰	道教
	民间曲艺绘画舞蹈诗歌	窗艺、古曲龙凤、祭霜、七拌
	传统风俗	唐式
	建筑技艺	清式府第
	土特产品	荔枝、黄皮果、甘蔗等
	特色饮食	海鲜
备注	访谈对象	■本村镇干部、□村民代表、□其他___
	保护与发展意愿	希望发展特色的文化旅游区
	现状问题与困难	资金
	现有图文资料	
	调查人___，联系方式___，调查时间___	

重要历史建筑	名称	李云龙家宅	编号	
	建筑年代	清朝	所在村镇	白沙镇邦塘村	街巷门牌	康让间
	保护等级	国家级	产权归属	私有	使用情况	
	风貌格局	清式格局			占地面积(m²)	2000
	建筑质量	■较好、□一般、□较差、□危房				
	周围环境	■好、□基本完好、□一般、□有不良影响、□有恶劣影响				
	室内陈设	□基本完好、□部分尚存、■散失、□完全变更				
	改建加建	□改变主体部分、□改变局部、■无改、□加建				
	简评	官家府第布局，浮雕、雕刻、水油漆				

重要历史建筑	名称	南坡别业	编号	
	建筑年代	清光绪	所在村镇	白沙镇邦塘村	街巷门牌	李晋熙书院
	保护等级	国家级	产权归属	私有	使用情况	观光
	风貌格局	书院式			占地面积(m²)	1000
	建筑质量	□较好、□一般、■较差、□危房				
	周围环境	■好、□基本完好、□一般、□有不良影响、□有恶劣影响				
	室内陈设	□基本完好、□部分尚存、■散失、□完全变更				
	改建加建	□改变主体部分、□改变局部、■无改、□加建				
	简评	翰林书院之称号，布局为书院式，优美文俊的文人书院，古代文化尽在其中				

重要历史建筑	名称	外翰	编号	
	建筑年代	清光绪	所在村镇	白沙镇邦塘村	街巷门牌	外翰第
	保护等级	一级	产权归属	私有	使用情况	无用
	风貌格局	清式府第			占地面积(m²)	300
	建筑质量	□较好、□一般、■较差、□危房				
	周围环境	□好、■基本完好、□一般、□有不良影响、□有恶劣影响				
	室内陈设	□基本完好、□部分尚存、■散失、□完全变更				
	改建加建	□改变主体部分、□改变局部、■无改、□加建				
	简评	接待官员、贵宾，清代府第，雕栏画客、浮雕类				

重要历史建筑	名称	忠完第	编号	
	建筑年代	清光绪	所在村镇	白沙镇邦塘村	街巷门牌	
	保护等级	一级	产权归属	私有	使用情况	无用
	风貌格局				占地面积(m²)	250
	建筑质量	□较好、□一般、□较差、□危房				
	周围环境	■好、□基本完好、□一般、□有不良影响、□有恶劣影响				
	室内陈设	■基本完好、□部分尚存、□散失、□完全变更				
	改建加建	□改变主体部分、□改变局部、■无改、□加建				
	简评	官家府第式，李绍铎四品且知县名第，雕栏画客，千姿白态的百鸟图，尽在晖映				

重要历史建筑	名称	李晋熙家宅	编号	
	建筑年代	清光绪	所在村镇	白沙镇邦塘村	街巷门牌	晋熙家宅
	保护等级	一级	产权归属	私有	使用情况	利用
	风貌格局	清代官府格局			占地面积(m²)	1000
	建筑质量	□较好、□一般、□较差、□危房				
	周围环境	□好、■基本完好、□一般、□有不良影响、□有恶劣影响				
	室内陈设	□基本完好、□部分尚存、■散失、□完全变更				
	改建加建	□改变主体部分、□改变局部、■无改、□加建				
	简评	此家宅是清代光绪年间，大学士李晋熙的翰林住宅，布局有花园、庭院、客房。按清代官家府第格局，局部表示清康式态。				

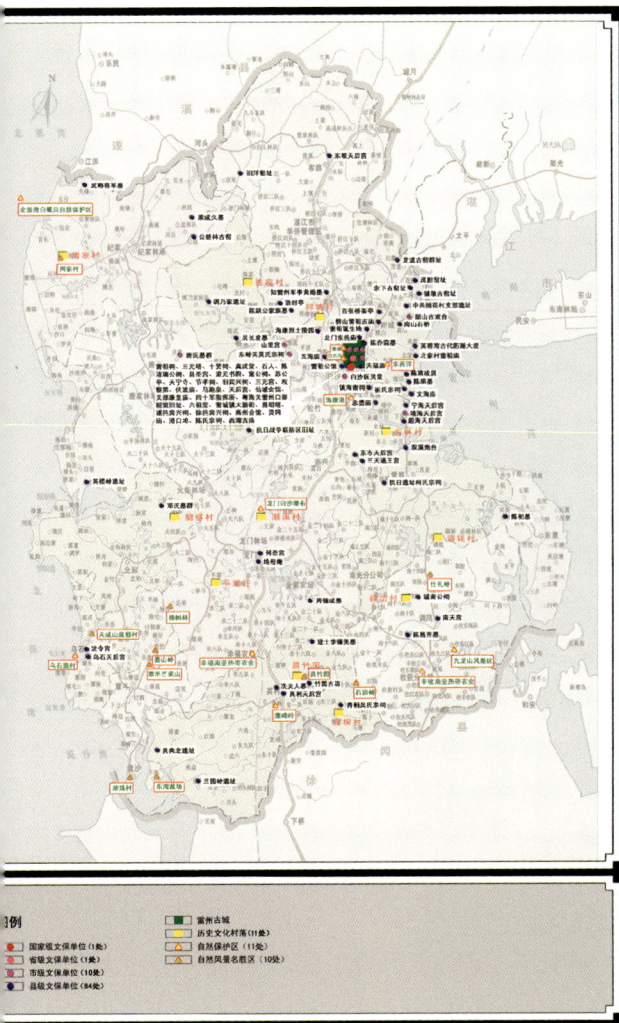

雷州名城历史文化遗产分布图

4．建筑遗产合理永续利用

完善与提升城市功能，整治引导空间景观，改善生活居住环境，运用多种保护与利用方式，使历史建筑及其环境既保持风貌特色又符合现代生活需求，提升雷州古城的整体品质。

5．历史建筑分类保护整治

依据历史建筑不同的历史、科学和艺术价值，现状不同的完好程度，城镇空间不同的类型和环境特征，采用分类保护的方法，制订相应的保护规定和整治措施，保持历史风貌的多样性并使规划具有可操作性。

6．传统与现代相协调的设计

传统建筑的修复以及新建建筑的设计，应充分体现地域民族文化真实而独特的魅力；生活与公共服务设施、建筑物内部设施与使用功能要符合现代生活发展的需要。

雷州名城保护体系

1．雷州市域历史文化遗产保护

市域范围文物古迹的梳理，包括历史文化遗存保护、历史地貌与生态环境保护、非物质文化保护三方面内容。其中文物保护单位和优秀历史村镇的保护，是市域层面的重点。

2．历史城区风貌与格局的保护

通过划定雷州古城建设控制区（418公顷），并对其功能结构、用地性质进行适度调整，制定建筑高度分区和景观视廊，保护古城格局，保护历史街巷水系，以及古城非物质文化遗产的评析与传承等措施，保护雷州古城的整体格局和风貌景观。

清代粤西名塔昌明塔（1960年代曾改建为水塔）

整修后

3．历史街区地段的保护与更新措施

雷州古城区内划分为六个历史街区地段：方城十字街地段、曲街地段、二桥街地段、关部街地段、西湖南湖地段、城东地段。通过具体划定历史文化街区，确定建构筑物的保护更新类别，以及制定地块建设指标等措施，确保历史街区地段的有效保护与合理发展。

历史街区一角

4．文物古迹与历史建筑的保护

雷州古城文物古迹的保护，包括古城建控区内 32 处县级以上文物保护单位的保护范围划示，和 35 处规划确定的历史建筑的保护措施制定，并针对古城内近代南洋风貌特色的骑楼立面整治活动制定设计导则与整治措施。

5．雷州古城特色要素的保护

雷州古城特色要素的保护，包括制定对古城建控区内的古树、古井、古塔、古桥、石狗等要素的保护名录与保护措施。

雷州名城特色和价值评估

名城特色不仅包含城市的外貌、文物古迹的形态，还包括城市的文化传统、历史渊源等精神方面的内容。就外延来说，雷州古城是一处风景秀丽、古迹众多、民风淳朴、颇具吸引力的"旅游地"；就本体而言，雷州古城是一个气候宜人、物产丰富、生活闲适、令居民倍感亲切的"家园"。就内涵而言，雷州古城是一座历史悠久、文化发达、内涵丰富的"历史文化名城"。结合雷州古城的历史发展，城市的历史文化特色可归纳为 8 个方面：

"天南重地"中心城、"海上丝路"海港城、"十贤留声"文教城、"多元信仰"文化城、
"楚越遗风"民俗城、"湖山辉映"生态城、"南珠雷葛"工艺城、"贤才辈出"名人城。

综合分析研究雷州古城历史文化、现状遗存、社会经济条件、发展趋势等，本次规划确定雷州古城应当以"国家历史文化名城"作为城市发展的突出重点，积极保护历史环境、传承地方文化。努力建设成为：

"天南重地"石坊

远观雷州古城

含义

外延	本体	内涵
风景秀丽古迹众多民风淳朴颇具吸引力的"旅游地"	气候宜人物产丰富生活闲适倍感亲切的"家"	历史悠久文化发达内涵丰富的"历史文化名城"

中心城
- 汉代为徐闻县
- 隋唐为合州治
- 宋代为海康县军治所
- 元明为海康县路(府)治所
- 清代为海康县府治所
- 民国为海康县雷州半岛中心

海港城
- 南中国"海上丝绸之路"的始发港之一,对外贸易萌芽
- 航线遍及东南亚
- 军事港口为主

文教城
- 雷州十贤倡办学堂
- 九所社学、五所书院
- 雷阳、惟元、遂良、东海4所书院
- 敬贤如师的民间传统

文化城 / 信仰
- 石狗崇拜,人神文化
- 雷神文化,佛教传入
- 妈祖文化由广东传入
- 石狗崇拜,雷神文化,人神文化,多宗教信仰,妈祖文化

民俗城
- 传统饮食丰富,民俗节庆,歌舞艺术等

生态城
- 四山两湖
- 夏江河南渡河万顷洋田
- 山水田园自然环境

名人城
- 陈文玉,宁国犬人
- 雷州十贤等
- 黄惟德,周李成才茂等
- 黄清雅,陈昌齐,陈乔森,陈瑸等
- 文劲锡,曾继骒华等,纪尧吴寿

工艺城
- 南珠
- 葛布石雕木雕
- 陶瓷铁器
- 南珠葛布石雕陶瓷铁器

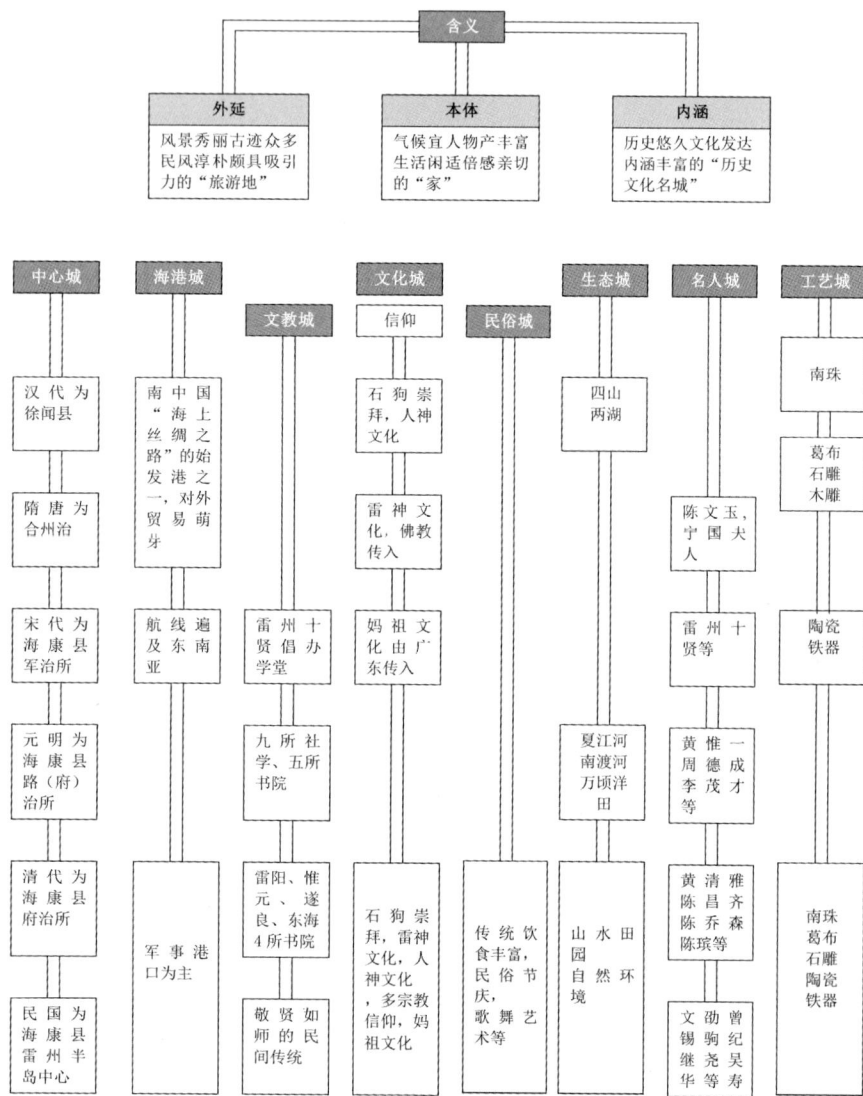

雷州名城传统特色构成含义图

1. 以弘扬历史文化为基础的文化产业、旅游观光、商业服务相结合的国家历史文化名城;
2. 我国大陆最南端的滨海特色旅游和生态宜居城市;
3. 雷州半岛商贸、文化中心城市。

雷州名城保护框架

本次雷州古城历史文化保护的主要内容为：物质性文化遗产保护和非物质文化遗产保护。其中物质性文化遗产的保护，分别从"点（文物古迹）·区（历史街区／地段）·面（整体格局）"三个方面展开，根据雷州古城格局特征和历史遗存分布状况，确定历史文化遗产保护的"人"字型保护轴和环绕古城的河湖水系、城防堤坝等自然与人工环境保护，包括：

1．"十字街—曲街"主线保护

保护历代州府县治形成的典型"方城十字街"和因商港贸易形成的"城外延厢"格局；保护留存至今的明清传统民居街坊，以及遍布街区中的历代文物古迹、历史建构筑物和历史环境要素；保护以"曲街、南亭街、镇中街、广朝街、龙舌街、马草桥街"为主的近代南洋骑楼街；保护蕴涵其中的丰富的民间信仰、生活习俗、地方曲艺、传统工艺等非物质文化遗产。

2．"二桥街—雷祖祠"西线保护

保护二桥地段随商贸繁盛而形成的"街河垂直、双桥一线"的历史街市格局；保护沿"十三行街—二桥街"一线尚未建设性破坏的近代骑楼街市；保护重要文化遗存雷祖祠，及其相应的雷文化、雷祖文化、雷神崇拜等非物质文化；保护姑娘歌发源地麻扶歌台。

祠庙信仰文化空间——雷祖祠

雷祖祠一隅

雷祖祠外墙雕饰

雷祖祠屋脊与墀头装饰

3. "关部街—天后宫"南线保护

保护关部地段沿夏江河水运而逐渐形成的"前街后巷、街河平行"的历史街河格局；保护并适当恢复沿"夏江河／关部街"一线的近代水运街市；保护重要文化遗存天后宫、雷州口部税馆等，及其相应的妈祖文化、海港商市、近代关税建制等非物质文化。

4. "西湖—南湖—夏江河"历史水系保护

严格保护历史水面的形状、范围、走向，改善水体环境；严格限制环湖、沿河区域的新建建筑，逐步增加绿化种植和开放空间。

5. "青年运河—城东大堤"生态绿化保护

加强沿环城东路城基遗址绿化，延续古城历史上的台地地貌特征；严格控制环城东路与城东大堤之间的建设活动，维护古城台地与大海之间的远眺视野；城东大堤以东绝对禁止建设，加强堤防林带种植和洋田景观维护。

雷州名城保护范围和措施

    雷州古城建设控制区是为保护雷州名城格局与传统风貌特色，需要进行建设控制的区域，具体范围为：东至城东大堤，西至群众大道，北至青年运河，南至天后宫，总面积约 418 公顷。

    在雷州古城建设控制区内，应积极保护本建设控制区内的历史环境要素，如古树、古井、古桥、古塔等，积极保护有意义的传统文化空间，如井台空间、桥头空间；应遵守建筑高度控制、建设强度控制和建筑风貌引导规划。在雷州古城建设控制区内，规划总体容积率应控制在 1.0 以内，规划总体建筑密度应控制在 32% 以内，规划总体绿地率应达到 35% 以上。

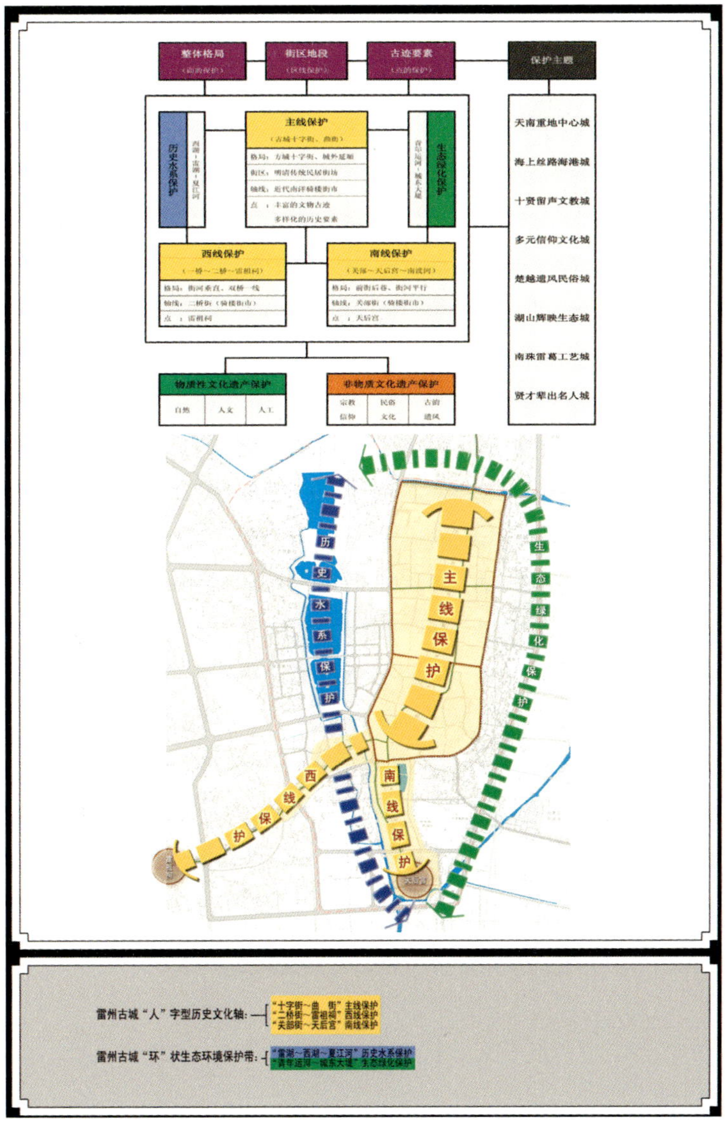

雷州名城保护框架图

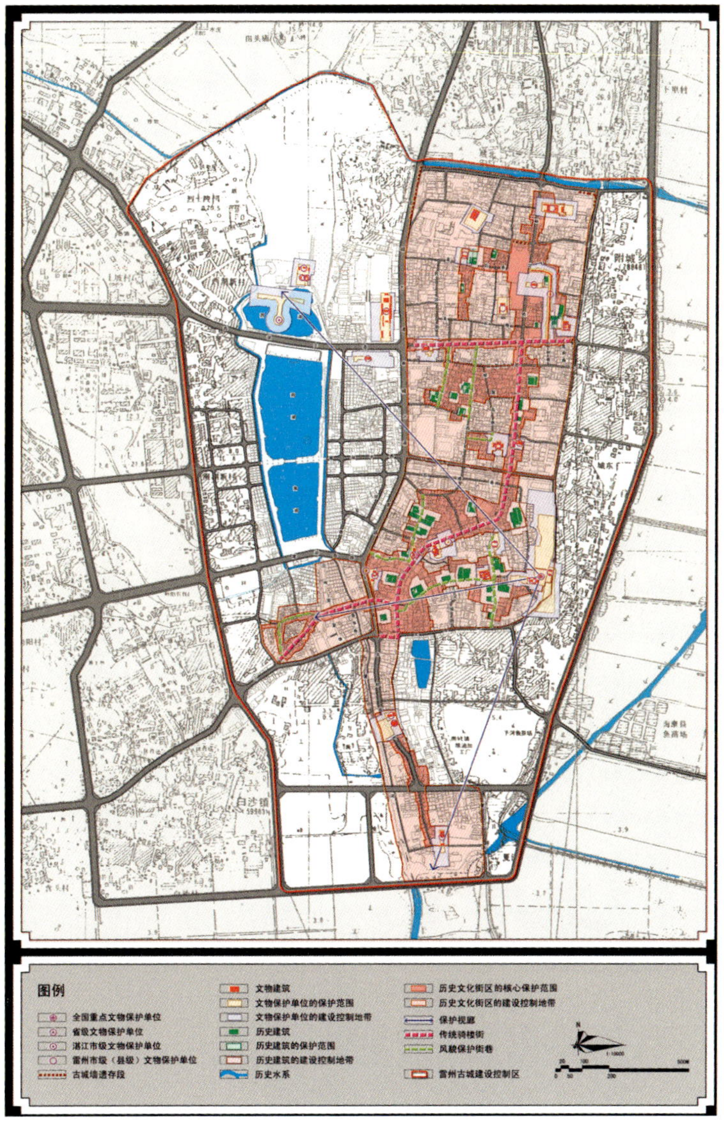

雷州名城保护总图

　　根据规划范围内自然地形地貌与城市格局特征，以及历史遗存的留存状况，在雷州古城建设控制区中，划定四个历史文化街区：曲街历史文化街区、十字街历史文化街区、二桥街历史文化街区、关部街历史文化街区。

1 南洋骑楼商市文化空间
2 古戏台民俗文化空间
3 祠庙信仰文化空间——白马庙
4 街头的石狗信仰文化空间

雷州古城历史街区名录表

名称	价值与现状概述	核心保护范围面积（hm²）	建设控制地带面积(hm²)	保护整治要点
曲街历史文化街区	价值特色： 传统格局肌理保存完整； 古街巷、古民居众多； 近代骑楼街特色鲜明。 现状问题： 插建搭建加层现象普遍； 生活环境恶劣、设施简陋。	19.16	18.40	核心保护范围： 严格保护空间格局和历史风貌，整治以减法为主。对影响历史风貌的一般建筑，近期整修改造，远期拆除更新。
十字街历史文化街区	价值特色： 方城十字街格局尚存； 文物古迹、历史遗存散布； 骑楼街局部留存。 现状问题： 单位大院占据大片用地； 新建筑高度密度严重超限。	21.03	47.92	建设控制地带： 新、改、扩建项目应与传统风貌协调，严格控制建筑高度和建筑密度。
二桥街历史文化街区	价值特色： 南洋骑楼街市风貌突出； 沿街界面丰富而连续； 商业氛围浓，街道活力强。 现状问题： 沿街一层呈低级发展模式； 街区内部无特色、设施差。	2.36	7.24	
关部街历史文化街区	价值特色： 街河平行的历史格局尚存； 天后宫、康皇庙等重要古迹保存较好。 现状问题： 历史街河的商埠功能消逝； 街道界面差、街区活力差； 夏江河水体及两岸环境差。	3.28	15.25	

雷州名城内建筑高度控制

雷州名城保护确立的高度控制应遵循"协调空间尺度关系、确保人的感官舒适、获得良好视野景观、指导城市开发强度"的四项基本原则，从而强化城市整体风貌，凸显特色历史地标。

1. 历史地段的高度控制

古城内曲街和方城十字街地段，以及城西和城南的二桥、关部地段，留存有大量传统民居街坊，较好地保持着传统院落式民居建筑的高度、风貌、肌理特征，因此对历史地段及其周边应当制定严格的高度控制措施。

本次规划原则上对划定的历史文化街区控高一至二层，檐口高度不大于 7 米；历史街区的建设控制地带控高三至四层，檐口高度不大于 14 米。

名城风貌"海北名邦"

城北轴线

2．环湖滨水空间的高度控制

紧邻古城西侧保留有西湖、南湖大片水域，并蕴含丰富的历史人文景观，因此需要对环湖建筑景观作一定的背景控制，同时还需考虑湖滨路的舒适尺度，建筑后退蓝线的最佳距离，沿湖第一排建筑天际线，岸线视觉开放度等，以形成舒适宜人的滨水空间景观。

本次规划原则确定，环湖滨水的界面建筑高度控制为二层以下，檐口高度不大于 7 米。

3．街道景观空间舒适感尺度的控制

雷州古城内曲街、南亭街、二桥街、广朝街、镇中街等主要街道，具有浓郁南洋风情的商业骑楼街，是城市特色的突出体现。应当确保骑楼街沿街的连续界面和相互协调的高低关系。而近年陆续建设拓宽的西湖大道、雷城大道等宽阔街道两侧的建筑高度，应当与街道宽度形成合适的比例，才能获得适宜的街道空间感。

1	2
3	

1 墙头灰塑彩画装饰
2 檐下构件及装饰
3 修缮后的南亭街

本次规划原则确定沿骑楼街建筑界面高度控制为二层为主，局部三层；沿西湖、雷城大道两侧建筑与街道高宽比控制为 1：1.5 ～ 1：2。

4．重要景观节点周边高度的控制

重要景观节点是指：古城中的标志性景观、高耸且可以登临到一定高度的建筑物、广场或大型开放空间等。对标志景观周边建筑高度的控制，需要采用视觉环境分析方法，避免视觉遮挡，保护轮廓线的完整，建筑实体与空间尺度对比适当，才能有助于烘托古城环境。

对三元塔等可登临的高塔，采用制高点视线可达性的锥形空间分析法；对广场空间采用视觉开放度的倒锥形空间分析法，来确定视域内建构筑物的高度控制措施。

三元塔

在三元塔上鸟瞰

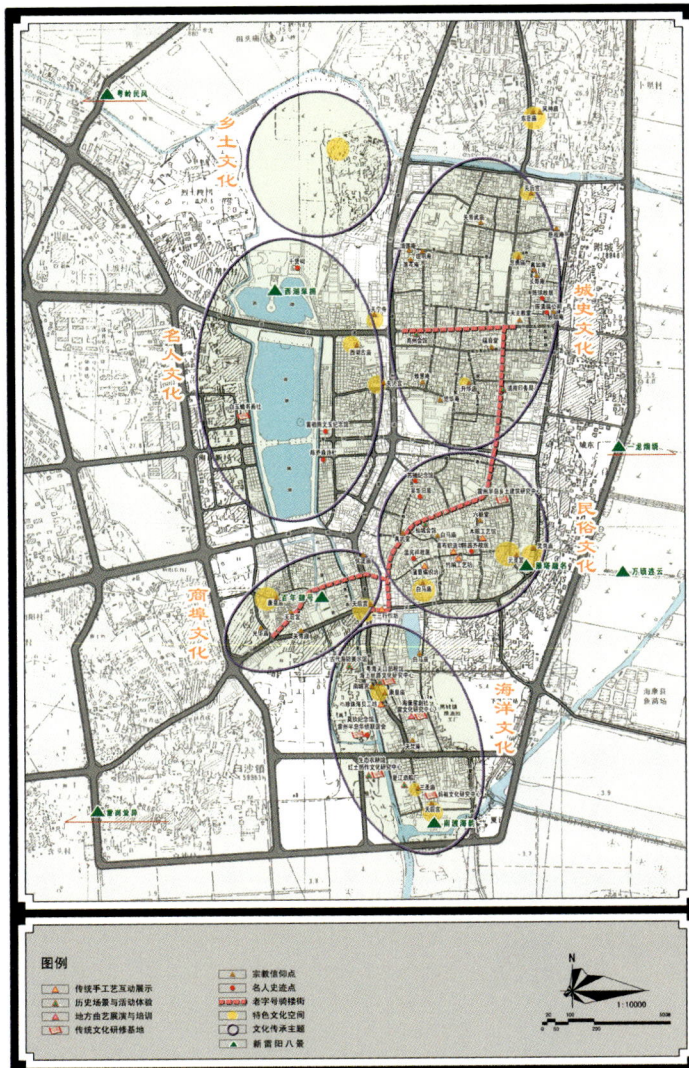

雷州名城非物质遗产规划图

5．视域通廊的确定与高度控制

通过对古城景观的综合评价，确定三条视域通廊：三元塔→西湖公园，三元塔→天后宫，三元塔→二桥街，通廊宽度 100 米。

在视域通廊投影范围内的建筑高度应严格遵循高度控制分区的建筑限高要求，且屋顶样式、色彩应与传统坡屋顶的外观协调，不得妨碍城市眺望景观。

6．古城区整体空间尺度的控制

一般而言，传统城市整体建筑高度不超过四层时，能够较好地体现古城的空间格局与和谐的城市风貌。建筑高度不超过六层时，尚能与传统风貌取得一定的景观协调。

本次规划，综合考虑现状建筑高度与城市景观，原则确定雷州古城规划范围内建筑高度不宜超过六层，檐口高度不大于 20 米；雷湖西侧至群众大道地段，考虑古城与新区的对景关系，以及地块的商务功能，建筑高度放宽至八层，檐口高度不大于 26 米。

对于雷州名城内骑楼街景整治的引导

历史上清光绪政府将雷州府遂溪县和高州府吴川县划为"广州湾租地"租借给法国，因此雷州的骑楼特色受到法国殖民文化的影响较大。法式建筑善用古典柱式，在建筑平面布局和立面造型中，强调轴线对称，注重比例，突出中心与规则的几何形体，运用三段式构图手法，追求外形端庄与雄伟，完整统一和稳定感。同时，由于地理气候等条件的相近和历史上经济文化发展的相互影响，雷州的骑楼特色与海口老街较相仿，受到印度和阿拉伯文化的影响，表现为外墙面多为白色的极度整体性。

东 ←

1997年南亭街南立面

1997年立面整治规划图

2005年南亭街南立面

西 →

西 ←

1997年南亭街北立面

1997年立面整治规划图

2005年南亭街北立面

东 →

骑楼街立面整治

骑楼建筑的装饰特色

雷州古城的骑楼建筑多为一至三层，外墙面一般为简单的石灰抹面，主色调为白色。中式民居以传统坡屋顶为主，既有砖木结构，也有钢筋混凝土结构。除中式外，文艺复兴式、巴洛克式及雷州南洋式都采用立面三段式构图：底层柱廊主要分为直梁柱式和弧梁柱式；楼立面柱式及窗式风格主要吸取西方折衷主义手法，壁柱和窗饰都装饰着复杂的古典线条，窗的形态有长方形，长方形与圆拱形窗相结合等各种形式；檐部处理主要吸取西方文艺复兴时期和巴洛克时期风格，装饰运用大量线脚，另有部分结合雷州当地自然特征形成南洋风建筑。

本规划分析归纳雷州地区骑楼建筑文化的主要特征，提炼总结为八大基本原则：

1．强化立面三段式特征

2．注重水平向的连续性

3．遵循竖向分隔的奇数规则

4．把握竖向分隔的比例控制

5．用券门保持街道连续界面

6．坚持维护材质的本色规则

7．楼部窗式材质色彩协调

8．廊部内侧立面外观整治

建议：修缮应尽量保存原始材料，更换并补强腐坏缺损的部分，拆除不协调的附加物，建筑格调以质朴、淡雅、整体协调为原则，以白色为主色调。

样式导则从建筑高度、建筑开间、建筑色彩、立面构成和细部风格等方面分析制定，共分为 3 大类（檐部、楼部、廊部）、10 中类、26 小类。设计控制至中类，施工时用户自由选取小类，力求在历史地段中进行有理有据、灵活多样、互助参与的保护与整治工程。

历史城镇风貌的多样性保护

——上海南翔老街保护整治

案例类型： 历史文化名镇保护

城市地区： 上海市嘉定区南翔镇

案例来源： 上海同济城市规划设计研究院《南翔双塔历史文化风貌区环境整治工程设计》（2006—2011）

参加人员： 周俭、陈飞、许昌和、孔志伟、陈文彬、张龙飞

主编按语

　　20世纪五六十年代我曾多次去过南翔，那时南翔镇是全国著名的卫生先进城镇，整洁的市容、居民文明的举止，老街上煤球店的木门板都被擦洗得白净清亮，赢得人们的一片赞誉。那时同济大学建筑系的老师常常带学生到南翔实习写生，因为那里不仅有风景美丽的古猗园，也留存着丰富的历史街景。后来南翔有了新发展，老街渐渐地冷落了。不过南翔镇政府没有像有些城镇那样大刀阔斧地改造旧镇，成片地拆旧建新，因此老街虽然破败，却还留存着历史的遗物。但城镇要发展，人民生活要改善，这种情况当然会引发很多不满的呼声，老街也要更新，不进则退，所有老屋年久失修都会变成危房。南翔镇的领导来问我怎么办？我说一是要有正确的理念，二是要有点

钱，三是要有政策。因为要拆迁安排、要建设、要产权置换等，这样就能使老街在受保护的前提下更新复兴。但不要去做仿古一条街，要按原样原修，内部更新，肯定可以做出好东西来。我推荐同济规划院的周俭院长领衔做保护和更新规划设计，他们先是认真地调查研究，确定了要重点保护的历史建筑，对已经破损的传统建筑作出修缮方案，对一些失去历史风貌的房屋进行改建，同时也拆除了不能利用的工厂仓库以及违章搭建的房屋，对整条老街的基础设施作了全面的更新。规划设计要实施，施工建造也是重要的环节。具体负责施工的瞿德龙工程师也是同济大学的毕业生，他带领工匠们四处收集旧料、老料，严格按原来的结构、样式和工艺来重现老街的传统风貌，遵循"整旧如故，以存其真"的原则，认真施工，注重细部，因此整修后的老街每一幢建筑物、每一处设施，都能经得起检验、推敲。

上海南翔 ●

如今走在南翔老街上，一式的传统木作门面，沿街店铺均采用可以装卸的排门板，住家则是黑油铁环板门，那成排的花格落地隔扇门扉，显出江南人的灵巧和风雅。走在弯弯曲曲、有宽有窄、凹进突出、有高有低的老街里，廊檐挂落漏下的脉脉斜阳，飞檐翘角衬起的晴空剪影，使人能领略到老街百年的风情。当你在老街上抬腿迈步时，你会发现似曾相识的弹石街，还有砖砌的路面，倒顺排列的竖砖构成了简约的图案，镶在石板路旁，引发了人们对古巷的追忆。那一方方的"电"、"水"、"雨"、"气"等窨井的标记，则显示着古镇已步入现代化城镇的行列。

我特别欣赏的是在整修古砖塔场地时，发现了两口南北朝时期遗存的古井，对其进行了原地保护，并设计了玻璃盖罩的现代展示手段，此举更印证了古镇、古塔的真实历史，提升了古镇的文化价值，也增加了新的历史景点。南翔古镇在南北朝时就兴盛于江南一隅，一时店肆林立，甲冠诸镇，曾有"小小南翔赛苏城"之誉。岁月沧桑，昔日的南翔只是一窗风景，一面是云翔寺、古砖塔，古猗园的绿竹，缓缓流淌的槎溪水，而另一面则是破损的民居，衰败的陋巷。它的繁华和失意都成了历史的碎片，今天我们用现代艺术之手找回了渐将消逝的记忆。重现的街巷不再落寞萧条，古街上徜徉着欢笑的人群，老店新开，金字店招，伞篷旗幡，一派热闹景象。老景重现，尚贤廊、八老亭、半亭门楼、扇亭八字桥……都是人们的留连之处。更可品尝正宗的南翔小笼，好好享受一下"轻轻咬，慢慢移，先开窗，后吮汤"的乐趣。我于2012年年终时，在南翔召集了师门晤面会，我的弟子们挈妇将雏，畅游古猗园，品尝小笼包，踏察老街坊。重要的是我要大家来体验一下同侪们劳作的成果，评点交流，分享心得。我真诚地感谢南翔镇政府的正确领导和英明决策。周俭、陈飞等的规划设计和瞿德龙等工程师们的合力实施建造，为上海留存并复兴了古镇老街，人们会铭记在心。

南翔古镇概况

　　南翔镇位于上海市区西北，嘉定区东南部。南朝梁武帝天监四年（505），在此建白鹤南翔寺，因寺成镇，并以寺得名，距今已 1500 余年，是中国历史上著名的古镇之一。近代，因经济发达、文化繁荣，又加上交通便捷，是军事要道等特点，南翔曾有"小上海"、"赛苏州"的美誉。

　　目前，南翔还保留着始建于五代的南翔寺砖塔，此塔是国内仅存的一对年代久远的仿木结构楼阁式砖塔。镇中还有颇具江南风格的明代古典园林古猗园，是上海市郊名园之一。鉴于南翔的历史悠久，名胜古迹众多，人文气息浓郁，以及它在历史上的地位，1992 年，南翔镇被上海市人民政府列为四大"历史文化名镇"之一。2005 年，上海市规划局又公布了双塔历史文化风貌保护区和古猗园历史文化风貌保护区。其中双塔历史文化风貌保护区范围东到横沥河，西到沪宜路，北到德华路，南到民生街，总规划面积 14 公顷。

南翔双塔

南翔老街（人民街）

南翔水巷（走马塘）

南翔双塔历史文化风貌区保护工程背景

　　为了加强对南翔古镇双塔历史文化风貌区历史建筑和历史风貌的保护，促进其城镇建设与社会文化的协调发展，2006 年由上海市规划局组织统一编制了控详层面的保护规划，2007 年至 2008 年南翔镇政府委托上海同济城市规划设计研究院在控详层面的保护规划的基础上编制了《南翔双塔历史文化风貌区修建性详细规划》。

　　2008 年 4 月，被列为南翔镇 2008 年度政府实事工程的南翔历史文化风貌区保护和老街改造工程正式启动，到 2010 年 10 月，已经完成了前三期的保护和改造工程，主要完成报济桥改造，双塔空间节点环境整治，人民街、共和街、南华街建筑立面整治和道路铺装及环境整治，共和街西侧院落群整治，梅墅复建，八字桥空间节点整治，生产街廊棚建设，以及河街空间的夜景照明工程。此次改造在道路下全面埋设近十种管线，即电力线、煤气管、自来水管、雨水管、污水管、通信线、宽带线、闭路电视线、路灯线、电子监控，所有管线全部入地，做到"天上看不见线，地上看不见管"。目前正在施工的项目有檀园复建、游客服务中心、书场、名人展示馆等项目。2011 年四期实施项目的主要设计内容是沿走马塘及和平街的环境整治，将南翔老街和古猗园风貌区连接成一个整体。

南翔老街前三期整治项目实施范围

南翔双塔历史文化风貌区风貌保护的思路及工作重点

由于南翔曾是近代战争的主战场，留存下来的历史建筑十分稀少，而且年代也并非久远。目前规划范围内，除了南翔寺砖塔起源于五代外，其他历史建筑基本都是晚清和民国时期的产物，而且数量不多，零星分布在人民街和共和街的两侧。大部分建筑为新中国成立后到 20 世纪 80 年代的产物，建筑风貌没有特色；还有少量 20 世纪 90 年代以后的建筑，在高度、体量和风格上都与双塔地区的风貌极不协调，需要改造。因此，对于这样一处历史街区，历史建筑的保护与修缮已经不是重点，重要的是如何整合零散的空间结构和织补现已支离破碎的传统肌理。

一、空间主轴的重塑

传说南翔是"龙镇"，而"龙身"就是南翔寺的主轴，"龙头"就位于现双塔的位置，也就是当年南翔寺的山门所在，现存的双塔是"龙角"，双塔旁的两口水井是"龙眼"，双塔南侧横跨走马塘始建于宋代景祐四年(1037)的报济桥是"龙鼻子"，桥两侧的两处水埠（当地叫水桥）为"龙舌"。

南翔老街地区历史环境要素现状分布图

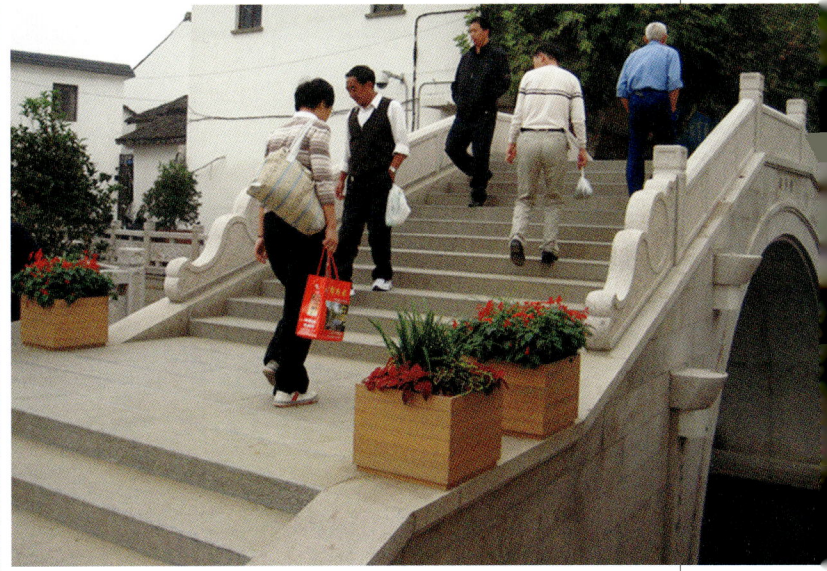

1	2
3	4

1、2 古镇空间主轴的强化
3 报济桥（香花桥）整治前
4 报济桥（香花桥）整治后

清乾隆三十一年 (1766)，香花桥民房失火殃及天王殿，后又屡经战火破坏，南翔寺尽毁，仅山门边的一对砖塔今尚在原址。1998 年南翔寺重建时，将主轴向西移，在原"龙身"的位置修建了解放路，报济桥也由踏步桥改建为可以通车的平桥，并改名为香花桥。两口水井由于路面的抬高被埋入地下，双塔虽然被保留下来，但由于周边地基的抬高，双塔地基与周边道路低了近 1.5 米，形成了两个下沉广场。

双塔原先是南翔寺山门前的砖塔，与寺庙的主轴是一体的，由于后来复建的寺庙主轴西移，导致整个历史街区空间格局的错位。主要空间与主体建筑失去联系，古镇的传统主轴被弱化，甚至隐匿了。

双塔广场古井遗址展示组图

双塔广场滨水绿化整治前

双塔广场滨水绿化整治后

虽然难以移动作为主体建筑的寺庙，但是规划还是通过多种环境整治的手法着力重塑了古镇的传统空间主轴。首先将解放路改为步行街，通过铺地和景观地灯的设计强化轴线意向。同时在走马塘南岸设置一处牌楼，结合游客服务中心打造入口节点并且重点整治了双塔广场，恢复了双塔周边建筑的历史风貌，改造了香花桥，恢复踏步桥和原有的水桥式样，调整了滨水的绿化种植，将河、街与广场整合成了整体，突出了空间节点，加重了主轴的分量。

此外，在施工过程中，在双塔的前面，还挖掘出了原云翔寺围墙基础和史料记载中的梁朝古井井亭，专家组一行表示，这些基础的出土为南翔千年历史文化提供了可供考证的实物证明。再从技术工程、文物保护、老街改造、旅游观光等方面进一步论证和优化，在古井及古山门基础遗址上赋以钢化玻璃及不锈钢结构的保护罩层，与现在的路面齐平，以方便遗址的保护和游人的参观。

二、重要河街空间及节点的整治

镇志记载南翔古镇东西五里，南北三里，四条河流——横沥、上槎浦、走马塘、封家浜相交于镇中心，形成"二水中分，四隅有湾"的十字港，造就了历史上全镇的商业中心，这四条河流向四面延伸，构成商品集散的主要渠道。横沥河和走马塘交汇于双塔风貌区，是南翔古镇最为宝贵的环境和景观资源之一。

横沥河在双塔地区河道宽度约为 7～20 米，西岸是风貌区，东岸是新建的六层居住小区，对风貌区的景观有一定的影响。规划借用东岸的空地加设了沿河的长廊，一则在景观上与西岸传统建筑进行呼应，同时对东岸与整体风格不相协调的新建楼房进行一定的遮挡。

走马塘在双塔地区河道宽度约为 3～7 米，沿河基本上以一至二层的建筑为主，通过立面整治，包括加设窗套、空调机罩等方式，以及河埠的整理，基本上能形成较为统一的传统风貌。

在横沥河与走马塘的交汇处有三座古拱桥：吉利桥、隆兴桥、太平桥，构成一个"八"字，这里既是最热闹的地区，也是风貌区的东入口，当地人还有新年走三桥以图个吉利的习俗。规划在横沥河的东岸加设了一座扇亭，对视线进行部分的遮挡，起到强化入口意向和增加空间层次的作用。

1	2
3	4

1 横沥河整治前
2 横沥河整治后
3 走马塘整治前
4 走马塘整治后

三、街区肌理的保护与再生

1. 历史肌理的保护——共和街

规划区域内，共和街基本保持了原有的空间格局和尺度。共和街街道宽度在 1.5 ~ 4 米之间，两侧建筑高度与街道宽度之比在 2 左右，街巷空间变化丰富，尺度宜人，具有江南古镇的空间特点，是体现其历史文化特点的重要因素。虽然给市政管线的铺设带来一定困难，但是规划严格保留了原有街巷尺度和界面线形，没有一公分的拓宽，改造后原来 1.5 米的地方仍然保持了 1.5 米。除局部沿街建筑为了优化街巷尺度比例由一层加高到二层外，在改造过程中，沿街建筑基本保持原高度和原位置，最大可能地保留了原有街巷的空间和肌理特点。

1	3
2	

1、2 共和街整治前
3 共和街整治后

2．历史肌理的修复——人民街

人民街为全镇主要的商业街道，也是旧时南翔最热闹的地区。由于 20 世纪 80 年代的拓宽改造，原有的格局和尺度已经被破坏。现街道宽度在 4 ~ 7 米之间，建筑高度与街道宽度之比在 1.5 左右，街面较为开阔平直，历史街巷狭窄曲折的肌理特点被破坏了。两侧建筑也基本上是新中国成立后到 20 世纪 80 年代期间所建的两层坡顶建筑，传统风貌特征并不显著。规划不仅对沿街建筑的外立面做了一些仿古处理，恢复历史风貌，最重要的是在街道较宽的部位对沿街建筑的底层增加了外廊或披檐，压缩街道宽度，由此来调整街巷的尺度关系，丰富空间层次，恢复历史的肌理特点。

1	2
3	4

1、3 人民街整治前
2、4 人民街整治后

3. 历史肌理的梳理——共和街西侧院落群

中国传统街坊内部的肌理构成一般都是以院落为单元的基本平面格局。院落营造了一个与外界隔断的相对安全的空间，创造了私密空间，并带来归属感。但这种传统的院落空间在双塔地区所剩无几，只有在共和街的西侧还残存有部分院落的遗迹。而且现有的院落空间由于原有建筑的损毁和后续建筑的无序搭建，基本上都处于杂乱无序的状态。规划以传统院落为原型，对共和街西侧现存的院落肌理进行了系统的梳理，恢复了各自完整的院落空间格局，并通过各院落大小错落的组合，形成完整的院落集群，呈现了地块自然有机的肌理关系。

1	2
3	4

1、2 共和街西侧院落整治前
3、4 共和街西侧院落整治后

4．传统肌理的复原与再生——檀园与梅墅

据史料记载，檀园是明代著名文学家、"嘉定四先生"之一的李流芳的私家园林，占地 3.2 亩，小巧玲珑，有十几个景点，都是李流芳亲手布置，"水木清华，客过者恍如置身图画中"。园林原址现为家具仓库和街坊工厂。虽然此园已毁，但有李流芳所画的园图，还有详细的记录。规划根据历史记载，在原址按照原有规模、原有形态进行复建，并与已建院落、在建书场和名人纪念馆共同组成老街地区的中心公共活动场所，对街坊内部肌理的整治和整体活力的提升起到关键的作用。

梅墅位于街区的东北角，是张志崇建于 20 世纪 30 年代的私家住宅，系中西合璧风格的建筑，除尚存一处雕花门楼外，建筑主体及格局皆已经不复存在。由于历史原形无从考证，规划参照江南水乡的院落式样，设计了一处中等规模的三间两进的传统院落，一方面修补了街坊北段的空间肌理，另一方面为较大规模的功能引进提供承载的空间，丰富整个街坊的业态规模和层次。目前梅墅已经作为集餐饮和住宿为一体的高档会所使用。

檀园设计效果图

梅墅外观

梅墅内院

四、历史氛围的营造

1．传统老字号的恢复

南翔在寺庙经济的带动下，又加上交通便捷，经济发达、商贾云集。大昌成、恒昌、宝康、义顺源等许多老店都集中于人民街、解放街一带，南翔寺附近，其中不少老店均有百年以上的历史。在工程改造初期，特邀请了一些老前辈成立了老街改造顾问小组，对南翔"老字号商业"的历史、出典、起源及经营特色进行调查、收集，为人民街"老字号"特色街的商业排布出谋划策，为"宝康酱园"、"协记绸布店"等数十家百年老字号注入了新的活力，再现了"银南翔"商业特色街的风貌。

恢复的老字号业态组图

保留的传统小吃

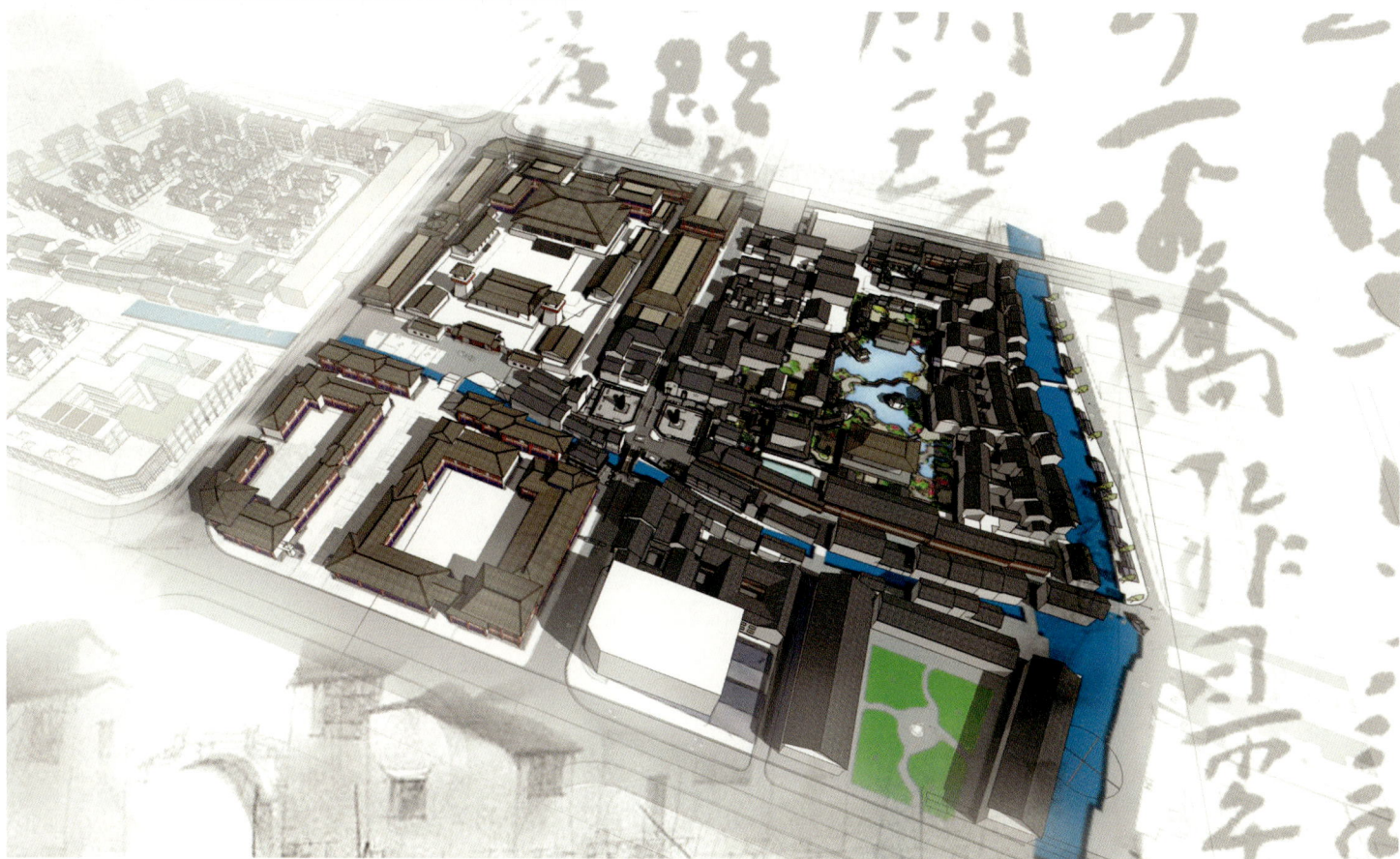

南翔双塔历史文化风貌区整体规划效果图

天井中的图纹石板　　　　　　　　弹石路　　　　　　　　　　建筑的装饰细部

2. 环境细部的刻画

环境细部的刻画是通过带有传统特色或历史特点的景观要素或小品，通过视觉传达，为风貌区增加浓郁的历史氛围。如路面的铺砌就因采用当地称之为"石子路（弹石路）"的形式而独具特色。

历史城镇的风貌保护涉及多层面的工作，不仅包括空间格局、肌理尺度以及建筑、环境细部等物质层面的要素，还与功能业态和人文活动发生关系。南翔老街是一个历史文化遗存较为稀疏，传统风貌特征并不突出的街区。在这样的历史街区中，风貌的保护重点已不再仅仅是建筑的保护与整治，整合零散的空间、织补破碎的肌理、丰富视觉要素的传统意向、恢复传统业态和组织民俗活动才是古镇风貌保护的取胜之道。

南诏国历史风貌的再现

——云南巍山古城独特格局的整体性保护与历史街区的复兴

案例类型： 历史文化名城保护

城市地区： 云南省大理白族自治州巍山彝族回族自治县

案例来源： 上海同济城市规划设计研究院、同济大学国家历史文化
名城研究中心《巍山名城保护规划》、《巍山古城重点
地段修建性详细规划》（2007—2008）

参加人员： 阮仪三、顾晓伟、李文墨、王建波、柴伟中、周海东、
周丽娜

获奖情况： 2008 年上海市优秀城乡规划设计二等奖
2009 年全国优秀城乡规划设计三等奖

巍山

大理很出名，它的洱海苍山给人留下难忘的印象，可惜的是大理对历史城区保护
得不好，弄了许多不伦不类的人工景区，被点名批评，而要改回来却又谈何容易，保
护历史文化名城就是要按原样留存历史景观。巍山古城就在大理附近，府城、卫城相
连，历史风貌依存，高大的北城门楼壮观雄伟，主要是因为在其周围没有新建的楼房，
这一点非常重要，在许多名城中许多新建房屋把历史建筑都淹没了。

巍山县是彝族回族自治县，唐朝时彝族先民在巍山建立了辉煌的南诏王朝，彝族一直以来与汉民族和睦相亲，唐代的亲密一直延至明清，这个传统传承至今，成为一段民族团结的佳话。巍山县所属的东莲花村是回族聚居的村寨，如今全村和平安宁，那些具有民族特色的老建筑也修整得整洁美观，当地人对待来访的游客既有礼貌又很真诚、热情，现在旅游业发展了，居民生活也改善了。这里历史上是重要的马帮集散地，留下许多古老的客栈老屋，非常有特色，古城美，古村也美，特别是人情美，会令游客久久不能忘怀。

巍山古城概况和特色

巍山古城位于云南大理白族自治州巍山彝族回族自治县，为国家级历史文化名城。古城地处横断山脉深处，哀牢山和无量山在这里交汇，红河在这里发源（旧称阳瓜江）。古城历史悠久，自公元前 109 年汉武帝始，即为滇西北地区的政治经济文化中心之一。唐朝时期彝族先民在巍山建立了辉煌的南诏王朝，在大理国时亦是首邑之地。

巍山古城整体鸟瞰图

巍山古城全景

　　府卫双城的历史结构是巍山历史文化名城的特色之一。巍山古城北部为府城，由彝族左氏土知府于明初围绕土知府衙门建立，尔后明政府在其南面建立了巍山卫城。这反映了巍山古城土知府和流官长期共同治理巍山的历史。

　　远在秦始皇修"五尺道"通西南夷，汉武帝通"南方丝路"达缅甸印度，巍山皆是要点。明清时期巍山也是茶马古道上重要的茶马互市据点，在川、滇、黔和缅甸、印度贸易交流的过程中占有独特地位。

　　多民族融合的文化特色是巍山古城文化的核心特色，体现在歌舞、戏剧、曲艺、宗教、节庆、婚俗、传统礼仪、服饰、工艺品、建筑、街区、饮食等各个方面，具有丰厚的历史文化遗存。

巍山古城的格局和建筑形态

一、优美的建城环境

巍山城西的西子河是红河的源头，古称阳瓜江。登上巍宝山眺望古城，弯弯曲曲的阳瓜江缓缓南流，犹如一条"瓜藤"，两岸布局有致的村落像"瓜藤"上的"瓜果"，构成了一幅景致优美的"瓜图"。阳瓜江两岸古时便有种植冬瓜、南瓜等瓜类植物的传统，成熟时节，遍地是瓜，在阳光的照射下，似翡翠闪烁，被誉为"瓜江垒玉"。"一江抱孤城"是指流经巍山古城西的阳瓜江到古城这里时，刚好绕了一个弯，像一只大手的臂弯，古老的巍山县城被围抱在臂弯内，十分形象。

二、独特的城市空间格局

巍山古城总占地 88 公顷，北面为府城，以日升街、月华街为骨架。南面为卫城，明朝设立蒙化卫，实行屯田戍守，并在蒙化土知府城的东南部建蒙化卫城。

巍山卫城内至今保存着完好的城市历史格局，古城呈棋盘式布局，主要以东、西、南、北街为骨架。古城墙建于明代，有四门五楼。蒙化卫城五楼现存星拱楼和北门拱辰楼，北门古城楼依然高耸在二丈多高的砖石城墙上，雄伟壮丽，可望全川。巍山古城仍然保持了 600 年前建城时的棋盘式格局，城内房屋基本上保持了明清时期的建筑样式和风貌，其古城整体格局及留存古建筑之多之完善，其历史文化遗产蕴藏之丰厚，即使在全国范围来讲也是非常难得的。

星拱楼（县级文保）

三、数量众多的文物古迹

巍山古城内目前共有拱辰楼、玉皇阁两处省级文物保护单位，等觉寺双塔、文庙两处州级文物保护单位及21处县级文物保护单位，都具有较高的文物保护价值。

巍山古城内的民居建筑多采用"三房一照壁"、"四合五天井"、"窜阁楼"等式样特点的做法，建筑手法和建筑语汇异常丰富。典型做法为东、西耳房和厅房同南面的主照壁构成南院"三房一照壁"；主房，东、西厢房，厅房，东、西漏阁，大门和角楼，一起构成北院"四合五天井"。建筑主要为土木结构，往往以石材为基础，出土部分为条石对缝，然后在基础上筑土墙作为围护结构，木架为承重结构。经调查，古城区内已挂牌保护价值的古民居共150多处。

玉皇阁（省级文保）

巍山古城独特格局整体性保护的思路

一、全面保护古城外围空间环境与遗产

我国古城在选址、布局与建设中，大都善于审察地理形势，利用自然环境，依山就势，因地制宜，建造了古朴秀丽、亲切自然并富有浓郁地方特色和民族风情的城镇。巍山古城顺山随水进行布局，整体空间呈现出同心圆式的结构，外围是哀牢山与无量山相交的东西山脉，中部以红河贯穿南北的巍山坝子与生态绿带的绿色田园空间，各自然村落与

巍山古城保护框架规划图

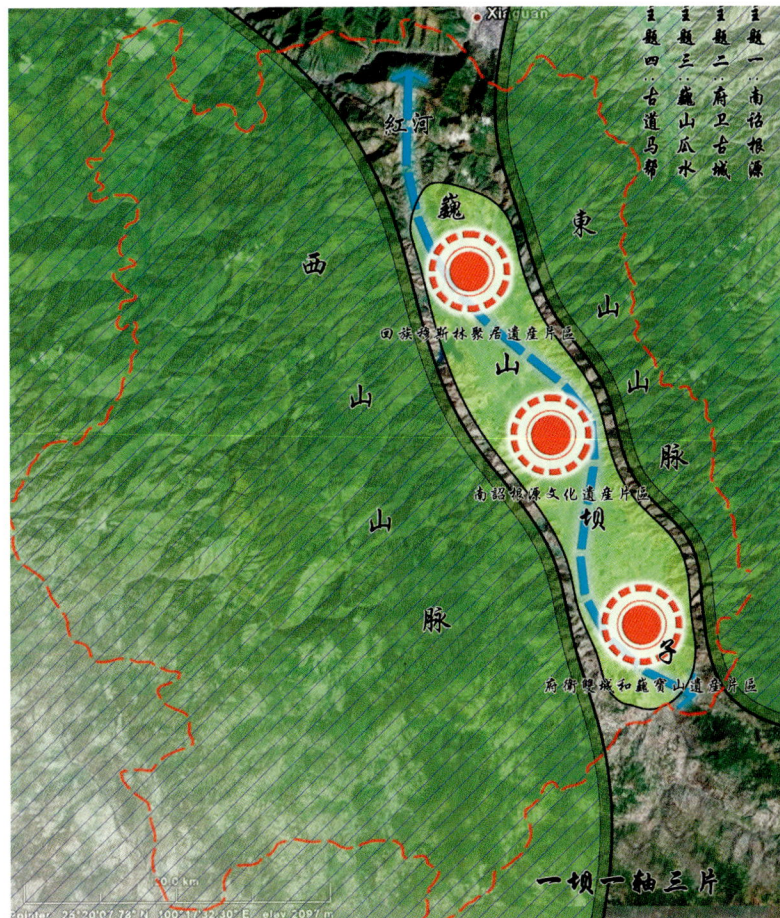

巍山古城空间结构体系图

绿色田野如翡翠的托盘，托着巍山古城这颗耀眼的明珠，形成景观结构的整体性，这就是巍山古城的自然形态与秩序，而且自然山水围合也成为巍山古城的天然防护屏障。巍山古城的保护首先要从大区域出发，保护巍宝山、红河、农田、水网及周边的自然村落，保护传统的"山－水－田－城"的空间形态。

从巍山坝子现状看，围绕着红河形成了三片主要的遗产区域。一是以永建为中心的回族穆斯林聚居区，反映了回族风情和马帮文化；二是以山龙山于图城、蒙舍城遗址为中心的区域，反映了辉煌的南诏根源文化；三是以府卫古城和巍宝山为中心的区域，反映了巍山古城文化和宗教文化。这样以红河为主轴线，位于西山山脉和东山山脉之间的巍山坝子上，串连起三片主要遗产区域的结构，反映了"一坝一轴三片"的巍山历史文化名城的外围空间的遗产保护体系。

巍山境内具有传统风貌的历史村寨很多，而且多具有鲜明的民族特色。这是作为彝回汉多民族聚居地的巍山名城的宝贵历史文化遗产，也是名城历史风貌的重要组成部分。保护并对这些传统风貌村寨的建设予以控制，是巍山名城历史风貌保护的重要内容。

二、保护府卫双城的独特空间格局

巍山古城外有山水环护，内有传统的城市格局和众多的文物古迹，更有独特的文化艺术，这些是巍山古城悠久历史的积淀，是传统文化的体现，这些要素反映在城市空间上，可以分为节点、轴线、区域三部分，它们相互间的有机关系和相互作用共同构成了巍山古城独特的城市景观。这些是历史文化名城组成要素和风貌特色在宏观整体上的反映，是巍山历史文化名城整体空间格局保护的核心。

古城内重要的节点有城墙门楼（北门"拱辰楼"）、古塔（等觉寺双塔、封川塔、白塔等）、楼阁（星拱楼）、寺庙（文庙、东岳庙、玉皇阁、等觉寺等）、书院（文华书院、崇正书院等）、衙署（老县衙、土知府衙门）、院落（158处传统优秀院落）等。

重要的轴线有月华街—日升街、东西街、南北街以及古城墙景观轴等。

此外，巍山古城深厚的文化积淀和较好的遗产保存状况，形成了两处在全国来说也是较好的历史文化街区。一是府城历史文化街区：位于拱辰门以北，沿月华街—日升街两侧展开的传统居住街区。居民以汉、回族为主，建筑保存比较完好。二是卫城历史文化街区：以东西街、南北街为骨架，城墙遗址范围内形成的形制格局比较完整，为传统建筑保存数量众多的一处大型古街区。街区内还有等觉寺、星拱楼、老县衙、文庙等大型传统建筑。

因此，根据巍山古城的价值及其环境要素构成，我们将巍山古城的空间格局框架划分为"四轴两片多结点"的结构，并对此予以整体保护。

北街街景组图

民居建筑内的主照壁

三、选择科学的城市发展方向

作为一座不可多得、保存相对完好的历史文化名城，它的发展不可避免地受到了城市化的冲击。在巍山古城的现状及近些年的建设中，我们也察觉到了古城保护的失控。特别是城镇建设用地规模不断扩大，古城及外围村落、农田被新的城区渐渐吞噬，古城周围环境的改变使其逐渐丧失了原来的历史氛围。因此，在城市总体规划中必须合理确定城市的发展方向、用地布局，注重新区与古城的协调发展，保护古城外部空间环境和生态环境，形成良好的城市形态，使古城尽可能保持原有特色。因此在研究古城保护的同时，我们规划组对巍山县城区总体规划布局做了一个概念性的研究，确定了古城生态型、文化主导型小城市规划布局的理念。

根据1998年修编的《巍山县城总体规划》的城市用地规划，县城区2020年常住人口将达5万人，用地面积约4.8平方公里。我们按此规模确定了古城布局的形态及路网结构、新古城各功能区块的组织、整体风貌及高度控制等，确定了新城区发展的主导方向，并在此概念布局基础上修编《巍山县城市总体规划》，提出了"一轴三片一环"的城市结构，力求在最大程度上保持巍山古城山水田城的格局特征。

"一轴"，指的是在原有古城区发展的基础上，依托主要交通轴线的优势，构成城市主要发展轴。"三片"，指的是在深入分析现状场地的前提下，将整个县城用地分成三大组团，古城、新城、生态工业新区三者既保持相对独立又在经济上保持紧密联系，而且城区结构清晰，多元并且延续。"一环"，指的是将整个县城包围的山体、湿地、水网等形成一个环状体系。同时各组团之间开放的生态空间将绿化引入城区，形成城区向外生长，绿化向内楔入的结构。

历史文化街区的保护和整治

一、传统街巷的梳理整治

传统街巷是构成历史文化街区的骨架，能充分体现一个街区的风貌特色，也是历史文化街区的重要交通空间。巍山府城与卫城历史文化街区至今仍保留原有的功能与尺度，南北大街、东西大街、月华街等作为传统的商业街巷，沿街建筑多以店铺为主，形成前店后宅的格局形式。我们在规划中根据街区现状街巷的等级、尺度、铺砌方式以及与两旁的建筑所营造的空间环境，针对不同的街道，相应地规划了不同的整治模式。对于完整保持了传统风貌的街巷，以修缮路面为主，要求保持街巷尺度和两侧建筑的高度；对于路面铺砌的原有风貌已基本不存，但尺度和格局保存较好的传统风貌街巷，则根据当地的传统做法进行适当的恢复和改善整治；另外，根据古城内部和外部的交通状况及消防要求，适当拓宽部分街巷和新辟街道。

二、空间院落的整合利用

传统院落空间是地方特色的直接反映，也是传统文化的重要载体。它的水平完好程度是衡量历史街区传统风貌保存的重要因素之一。府城与卫城历史文化街区房屋基本上保持了明清时期的建筑样式和风貌，大量具有民族特色和精湛工艺的古建筑，包括拱辰门、文庙、玉皇阁、文华书院等和数量众多的居民住宅都较好地保存了下来，具有非常浓郁的古城风貌。为了使传统院落得到相应的保护整治，首先要根据具体情况进行分类，从而制定保护更新策略。我们在实地调查过程中分别调查了位置分布、居住状况、建造年代、格局特征以及构成要素等情况。通过规划空间院落的保护与整治，历史街区的空间尺度，传统院落的建筑风貌以及街区中与原有居民生活的保留和提升，保留住了历史街区"场所精神"的本质。

三、历史环境的景观再生

历史街区的环境保护整治应该是对现有资源的有效利用、合理开发、因地制宜，利用一切可以反映城市发展脉络的历史遗存。这既能够保证历史街区整体风貌特色的延续性，体现对现状的尊重，又能以较小的投入获取比较好的效果。

由于从外围远眺历史街区的整体轮廓线趋于平淡，空间上缺少层次的变化，为了活跃古城及街区的历史环境氛围。规划建议恢复卫城西面及南面部分古城墙，恢复"威远门"、"迎薰门"，恢复西城墙外护城壕沟及吊桥，重现古城历史风貌。沿壕沟整理河道绿化，建设沿水步行道及活动广场，再现巍山古城的历史滨水景观。

四、重要节点的空间营造

文庙—县衙—西门历史地段在历史上有县衙、城隍庙、文庙等众多公共设施以及西门（又称威远门）城墙，是当时蒙化卫城的公共中心，现状遗留文庙、西竺庵，皆保存完好，县衙与城隍庙基本已毁。该节点的恢复和营造将促进巍山古城历史风貌的形成。

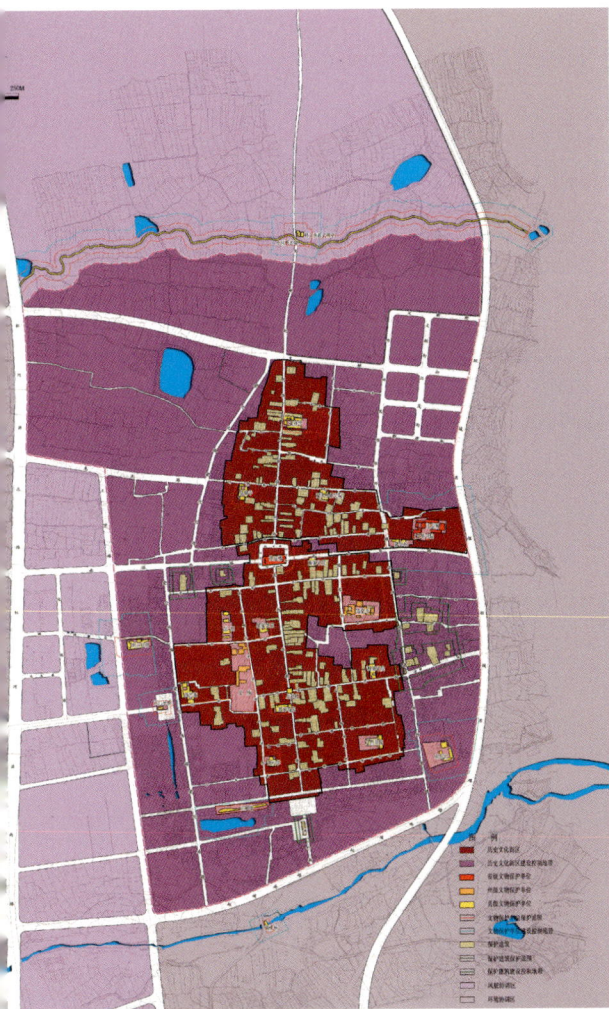

1 巍山古城保护范围规划图
2 古城内的民居建筑主要为土木结构
3、4 柯家宅院
5 刘家宅院

南诏东路街景

　　规划对此地段的定位是以特色商业、文化旅游、休闲度假为主，居住为辅的复合型街区。规划恢复县衙，重塑历史轴线，积极进行功能调整，使该节点成为以文化展示和旅游休闲为主的历史地段；进一步营造蒙阳公园景观，引入水景，以游憩、展示、观赏功能为主，结合文庙建筑营造幽静、宜人的空间场所；蒙化南路西侧传统生活居住区规划以修缮传统民居，更新小规模的地段为主，主要目的在于改善原居住区的生活环境，提高生活质量。

　　五、保护和改造中的居民参与

　　历史文化街区的保护和更新不同于房地产开发，政府要面对的利益相关者不是单独的开发商，而是众多的居民。必须调动当地居委会和民间团体的积极性，参与到历史遗产保护中，通过与当地居民合作，使保护工作获得拥护和取得进展。例如在政府、单位出资的基础上，鼓励居民出一部分维修资金；维修过程中听取居民的要求；定期公布召开

修缮后的院子

会议，鼓励公众参与到实施的过程中等，使居民真正成为街区的主人，自觉保护历史遗产，维护街区环境，制定街区自治条例，这样可以有效地降低投入和未来的管理成本；同时，在参与的过程中，也实现了和谐社会的建设。

此外，政府还成立了专门的机构，如古城保护办公室等，有专职人员和办公场地，来协调实施中各部门和各参与阶层的关系；同时组织培训工作，建立长效的遗产管理的专门人才库。

巍山古城的价值不在于某幢建筑，而在于整体的历史文化价值，在于完美地将山与水、水与居住环境有机结合在一起所形成的独特的城市风貌格局，在于古城完整的双城格局和其中留存的珍贵城市遗产。任何对古城组成部分的破坏和随意改变，都会使整体失去其应有的价值，而导致对历史名城的破坏；对于巍山历史文化名城来说，保护整体格局与历史街区是继承和延续古城风貌的关键所在。

城镇历史环境再生

——山东台儿庄古城规划设计与实施

案例类型： 历史城镇的保护与历史环境的再生

城市地区： 山东省枣庄市台儿庄区

案例来源： 上海同济城市规划设计研究院《台儿庄古城区修建性详
细规划》(2008)

同济大学国家历史文化名城研究中心《台儿庄古城区建
筑方案设计》(2008)

参加人员： 阮仪三、顾晓伟、林林、王建波、杨国栋、李文墨

主编按语

　　我们在进行京杭大运河沿线历史城镇调研时，发现在台儿庄一段还留有许多珍贵
的历史遗迹，特别是老运河那段，驳岸残存，有一条老街虽已破败，但还留存当年历
史风貌，有老店面、老门头以及天主教堂，关帝庙都还完好，特别在老运河畔有一群
土墙草顶的老房子，当地人说这就是当年拉纤的民夫们居住的纤夫村，它的这些留存
在整条大运河遗留的村镇中显得特别亲切与纯朴。台儿庄以抗战大捷而闻名于世，相
应现存城镇都是后来建起来的，由于这两年来台湾与大陆亲善起来，台儿庄也成为了
旅游热点，我们认真做的保护规划使老镇重放光辉了，当然也补充了一些已经毁掉的
老建筑，后来当地政府借此在旅游上做起了文章，拓展了地盘，增添了许多景区和景物，

建筑物上加了许多装饰，我认为是过分矫作了，却吸引了众多的游客，毕竟人们喜欢热闹与肤浅。我觉得很无奈，好名声、坏名声都出现了。不过从中我也有所思考：如何适应现代社会大众游客的需要？古代建筑如何既留住遗产又满足现代人的审美观？如何有选择地通过视觉再现，满足当今文化传统的缺失？台儿庄的例子应该如何评价？

台儿庄

一座鲁南地区的传统城市

台儿庄古城区内保存有较好的传统水系和街道空间格局，特别是护城河和城内的一些汪塘水渠，是中国传统城池空间格局的典型代表，具有较高的历史价值和科学研究价值及生态环境景观作用。台儿庄古城在历史上虽为集镇，但城池的格局十分完整，历史上古城四周城墙高耸，南北各有两个城门，东西各一个城门，构成完整的城市形态。传统街巷格局中越河街、丁字街、顺河街、鱼市巷、姜桥街、阴沟巷及街区中的小巷如王公桥巷、柴火市巷、鸡市巷、庙巷、罗家巷、竹竿巷等基本保持了原有的街道尺度和走向，其他如繁荣街、车大路、九龙口等基本保持了原有的走向和格局。传统水系中保存较好的是西护城河、北护城河，东护城河和南护城河有部分段落保留。

台儿庄总体鸟瞰图

一座京杭大运河的商贸集镇

台儿庄位于长 1794 公里的京杭大运河中程位置，是南北货物的中转集散地。京杭大运河作为台儿庄古城的重要历史文化遗产内容，主要有古运河两岸的土石驳岸、码头、水涵、水闸等体现运河文化线路遗产特征的相关历史文化遗存。特别珍贵的是保存了一段完整的运河古驳岸，现存明清修建的古运河石驳岸长 1270 余米。现存的码头驳岸主要有郁家码头、王公桥码头、骆家码头等，另有土城水闸、当典后水涵、王公桥巷水涵、万家巷水涵、蝎子汪水涵保存尚好，台庄闸遗址尚存。

台儿庄古城的大运河文化反映了完整的大运河漕运文化内涵，包括漕运运输文化和商业文化。越河街、丁字街和顺河街等一部分历史街区及新关帝庙（山西会馆）等庙宇会馆，兴隆村、土城村等运河村落和南清真寺、大王庙等运河上的宗教信仰空间，共同构成了运河遗产的延伸内涵，其景观风貌是运河遗产风貌的重要组成部分。

徽派临街商铺

古城区规划总平面图

图例　■ 保留建筑　■ 村落建筑　■ 规划水系
　　　■ 商业建筑　■ 新建建筑　— 规划范围

一座"中华民族扬威不屈之地"的抗战名城

　　台儿庄古城作为驰名中外的台儿庄大战的发生地，是台儿庄大战旧址这一全国重点文物保护单位的所在地。台儿庄大战文化是台儿庄古城内涵的重要组成部分。古城内涵盖了包括指挥中心、巷战地、防御阵地在内的完整战争场所遗存，构成了了解台儿庄大战实战场景的真实完整体系，并且李宗仁、池峰城等台儿庄大战的主要组织者和执行者均曾踏足这一片区域，加上街区涌现出来的一批保家卫国的革命英才，使整个街区作为大战遗址地，有了大战人物的活动背景和内涵支撑。

　　现存巷战遗址区域，主要集中在清真寺以南、关帝庙以北的繁荣街、鱼市巷、丁字街、双巷街、阴沟岸、车大路、太平巷、大局子西巷附近，一些建筑的墙体上还保存有较多的弹孔。除了原有街巷格局外，现存的墙体上存有弹痕弹迹的均需保留保护。战争节点主要有中正门、小北门、西门三处日军突破入城的遗址，拉锯战的节点如清真寺、泰山行宫两处，中方指挥场所关帝庙等六处。规划要加强战争节点区域的场景环境设计，西门护城河桥桥洞作为战争的临时指挥所，尚有旧迹保存，亦需加强保护。

　　其他战争见证区域，如运河浮桥、南清真寺等也是重要的大战遗产内容。

参将署效果图

1	1　参将署实景图
2　3	2　管理大院
	3　繁荣街西侧

重现"江北水乡"的规划布局

台儿庄古城区规划布局上遵循地形地貌的实际情况和古城保护与重建的要求，基本按照原有街巷格局，力求重新恢复古城历史上的城池水系风貌，恢复"逐汪而居"的古城汪塘风貌，构成具有台儿庄古城特色的水系结构。

台儿庄古城的总平面布局以水的贯通联系为设计思路，以水乡风貌为主导内容，以大战遗产和运河遗产作为限制和补充，从而形成"江北水乡、运河古城、大战故地"的整体空间风貌。

图例
水闸
现状水系
规划水系
规划范围

闸风貌引导示意

古城水系规划图

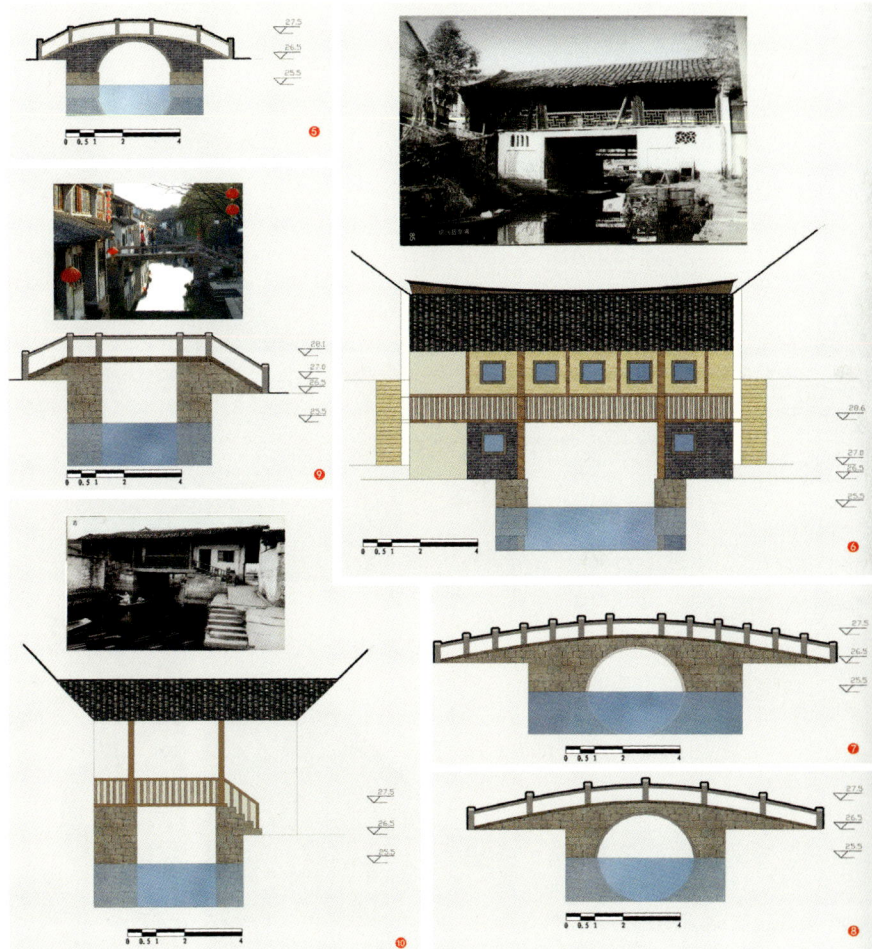

古城区桥梁（编号 5～10）设计图

强调运河古城水文化阐释的空间梳理

为了充分营造台儿庄运河古城的风貌特色，在台儿庄沿运河和城内水系两岸的建设中要充分展示水文化的丰富内涵，展现水文化的各个层次内容，本着由宏观到微观，由抽象到具象的设计思路，对水文化内涵的各个层次进行安排。

对于水文化的诠释，在街巷空间上形成由西向东再由北向南的九大水文化节点：五行码头—水的宇宙观、万家大院—文房四宝、箭道街与繁荣街交界处—万水桥、阴沟涯—水成语、兰陵书院—水文学、双亭岛—水书法、庙汪—水音乐、壶天苑—水哲学、金龙四大王庙—水宗教。

1	2
3	4

1 越河街运河沿线效果图
2 复兴阁效果图
3 古城水文化效果图
4 转船湾效果图

强调"杂而有序"风貌控制的建筑设计

在台儿庄古城保护、恢复与重建中，建筑风貌的控制与引导特别重要，直接关系到建成效果。建筑设计的主要原则是体现台儿庄古城"南北文化交融之地，杂而有序的建筑风格"，体现古城的多元文化特征。

强调数字化的古城区管理

台儿庄古城保护重建后，既是居民生活的城区，又是景区。在规划与建筑设计中，融入了数字古城、节能古城、生态古城的理念。规划要求台儿庄古城建设一套信息化水平较高、功能较完备的网格化城市管理信息系统、规划和开发控制系统等台儿庄古城景区建设管理相关的信息系统。规划建议台儿庄古城管理机构通过 GIS 系统，对古城区的建筑物、基础设施和设备进行管理和维护。

台儿庄古城区的保护、重建工程在兼顾保护历史文化遗产的基础上，重现了古城风貌，改善了居民生活，带动了地方旅游发展，促进了城市经济的发展。

在建设开发台儿庄古城前，原顺河、西关、北园等户区人口稠密，通道狭窄，生存生活环境十分简陋，由于台儿庄自身实力有限，古城区改造速度缓慢。台儿庄古城保护与重建过程中，通过实施棚户区改造，进一步梳理城市肌理，让 5000 多户居民告别了"吃水难、排污难、取暖难、入厕难"的生活，极大地改善了居住条件。同时，台儿庄古城区的保护、重建工程在兼顾保护历史文化遗产的基础上，重现了古城风貌，由此带动了文化旅游业发展，增加了就业岗位，提高了群众收入，带动了城市经济的发展。预计年游客将突破 100 万人。台儿庄古城的保护和重建不仅给枣庄带来强大人气，也形成了城市公共基础设施改善的契机。政府不断加大城市基础设施和公用设施建设力度。在建的社会酒店、商业名店等项目也相继完成。目前，古城区城市基础设施和公共服务设施已经得到极大的改善。

坚持并贯彻政府主导、市场运作的实施过程

在台儿庄古城重建中，坚持了政府主导、市场运作的原则。政府要求在重建先期由枣庄五家煤矿企业各拿出 10 万吨煤共约 4 亿元进行建设，滚动发展，现在资产增值到 100 多亿元，相当于用 50 万吨煤换来一座运河古城。相较于普通房地产开发，优势巨大。通过古城的保护、恢复和重建工程，一期项目建成后，古城资产由 4 亿元升值为 30 亿元，运营资产增值六倍以上。随着文化资源的不断升值，古城还会释放出巨大的潜力。

在具体实施中，当地政府专门成立了市古城管委会，要求严格按规划设计实施。最大程度地实现规划设计意图，并在资金、管理上予以大力的支持。

台儿庄古城风貌组图

促进海峡两岸、两党之间的交流

目前国台办批复的首家海峡两岸交流基地在台儿庄区设立，由海协会领导和台湾高层人士参加的成立大会隆重举行，还召开了台儿庄大战战史研讨会和海峡两岸交流基地建设座谈会，扩大了台儿庄的知名度和对外影响力。中国国民党荣誉主席连战、中国国民党副主席林丰正等到过台儿庄参加了泰和楼的奠基仪式。

总的来看，应该说台儿庄古城区的保护、重建工程在兼顾保护历史文化遗产的基础上，重现了古城风貌。同时台儿庄古城已经成为鲁南地区旅游发展的龙头，取得了较好的社会、经济效益。台儿庄古城区保护、重建的方法对于一些具有突出历史文化价值的地区或重大历史事件发生地，在现状风貌较差、经济面临突破或居民生活环境亟待改善的情况下实现城市更新，具有一定的借鉴意义。

台儿庄日景

台儿庄夜景

时代见证　文明印记

——山西太原 20 世纪遗产调查

案例类型： 历史资源调查评估

城市地区： 山西省太原市

案例来源： 同济大学建筑与城市规划学院《太原市 20 世纪遗产调查》
（2009—2010）

参加人员： 张松、周捷、镇雪锋、缪洁、杨开、宋超、高澍彬等

主编按语

　　在许多历史城市中，近代遗产一般不受人重视，其实它也是一个城市的重要记忆，并对后人有重要的纪念与启迪意义，这方面欧洲就做得很好。我曾到过英国的利物浦、伯明翰以及曼彻斯特，这些 19 世纪工业先驱城市留下了许多工业遗产和老工业城市的遗址，英国的政府和专业部门都很珍惜这些已经失去原有作用的老房子、老设施，他们对其认真评价、规划、改造，使之成为城市新的文化设施与场所并赋予其新的功能，同时也保存了许多历史信息，给人留下美妙的印象。利物浦的老码头、伯明翰的新文化中心，这些确实是很有看头且文化含量很高的地方。我特别佩服英国的规划师、建筑师们，肯花心思来做这些难度很大且收益不高的设计。2012 年我到澳大利亚，

听当地建筑师协会的人士讲，仅昆士兰一地就有 30 多家设计事务所从事老建筑的保护修复及更新工作。我国是个不太重视历史遗产的国家，据单霁翔（前国家文物局局长）讲，在疯狂的"大跃进"年代到处都有人民公社，但人民公社的牌子全国仅留下了两块，后人都不知道这回事了。这里介绍的虽然只是太原的例子，但对其他地方来说会有重要的参照借鉴作用。

古城的 20 世纪遗产

有着 2500 年历史的太原市区，分布着众多的文物古迹。相比珍贵的古文化遗产，太原为数众多的近现代遗产没有得到足够的重视。太原近代发展的历程表明，其城市建设的发展取得了巨大成就，阎锡山统治时期太原已发展成为我国北方重要的商业、手工业城市。新中国成立后，作为首批国家重点建设的城市，太原建设了大批工业厂区以及职工住宅、工人俱乐部等。军阀时期的历史遗存、社会主义建设时期的近现代遗存与古代文物共同构成了太原市历史延续的记忆链条，体现历史发展进程的轨迹不应断裂。本次完成调研的太原市 20 世纪遗产，以历史建筑、建成环境和文化景观为主，重点包括工业建筑遗产，新中国成立后公共建筑、城市公园和景观等。

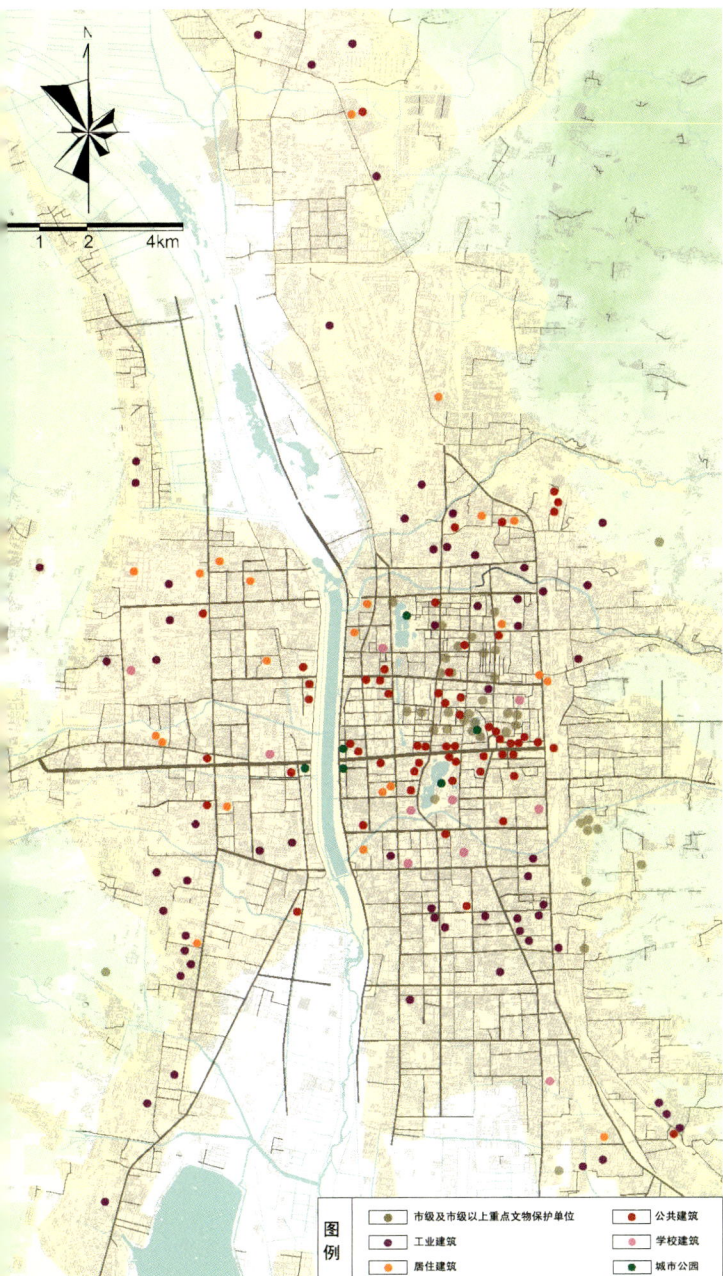

矿山机器厂宿舍

20 世纪太原遗产
调研对象分布图

图例

市级及市级以上重点文物保护单位　　公共建筑
工业建筑　　学校建筑
居住建筑　　城市公园

1　2　4km

阎锡山时期的历史遗存

阎锡山执政山西时期成立西北实业公司,太原近代工业发展至相当规模,一时被誉为"重工业之都"。新中国成立后,阎锡山时代的工厂大多被改建、扩建,成为太原工业建设的基础。暂不论阎锡山的功过,但其执政时期太原的工业发展确实为太原乃至中国近代史上重要一环,奠定了太原工业文明发展的基础。

如今的太原,20 世纪 30 年代建造的工业建构筑物遗存不多,仅剩电灯公司烟囱、太钢碉楼及飞机库、晋安化工厂水塔等。这些建构筑物采用当时先进材料和工艺建造,结构坚固,延用至今。

电灯公司烟囱,保留了解放太原时留下的众多弹痕

晋安化工厂水塔,全部用铆钉铆接而成

新中国成立初期的工业遗产

"一五"、"二五"时期，城北地区扩建、改建新中国成立前已有工厂，西山地区集中新建多家工业。目前，大多数工业厂区保存较完整，车间、仓库等工业建筑，烟囱、轨道等构筑物和富有特色的工人住宅，展现了 20 世纪五六十年代大中型工矿企业的历史风貌。少部分经营不善或已经倒闭的厂区内，建筑年久失修或被废弃，保存状况较差。

中国北车集团机车车辆厂厂房

其他类别的 20 世纪遗产

随着城市的发展繁荣，相应的公用设施也逐渐齐备，如使用至今的新建路礼堂、五一路邮局、太原火车站等公共建筑，围绕工业厂区建设的工人新村至今还保留着新中国成立初期的规划布局形式。街道景观、城市公园也是城市发展的重要历史见证，迎泽大街沿线建筑从 1952 年起陆续修建，部分历史建筑至今保持着建成时的面貌，系统地展现了太原的历史风貌。

山西省省委　　迎泽宾馆八角楼　　迎泽宾馆东楼　　并州饭店　　群众艺术馆　　太原市火车站

工人文化宫　　财贸大楼　　唐明饭店　　迎泽公园大门　　五一百货大楼　　云山饭店

迎泽大街

20 世纪遗产的价值评价

20 世纪遗产涵盖范围广、类型多，在初步调查阶段，可从城市历史发展分析入手，把握关键的发展阶段再有针对性地开展工作，以取得事半功倍的效果。对 20 世纪遗产价值的认识，不能完全套用古代遗产的标准。除年代久远的稀缺性、特殊历史事件的纪念性、建筑工程的艺术性等，还应考虑工业遗产的产业风貌特征、20 世纪遗产的科技价值等，如太重一金工、二金工见证了中国机械制造业的起步发展，行业的开创性影响了其工业遗产的价值。此外，应当客观且宽容地对待 20 世纪遗产，对于存在争议的历史人物或事件相关的遗存，如阎锡山执政时期的文化遗产，要避免片面、狭隘地理解其历史文化价值。

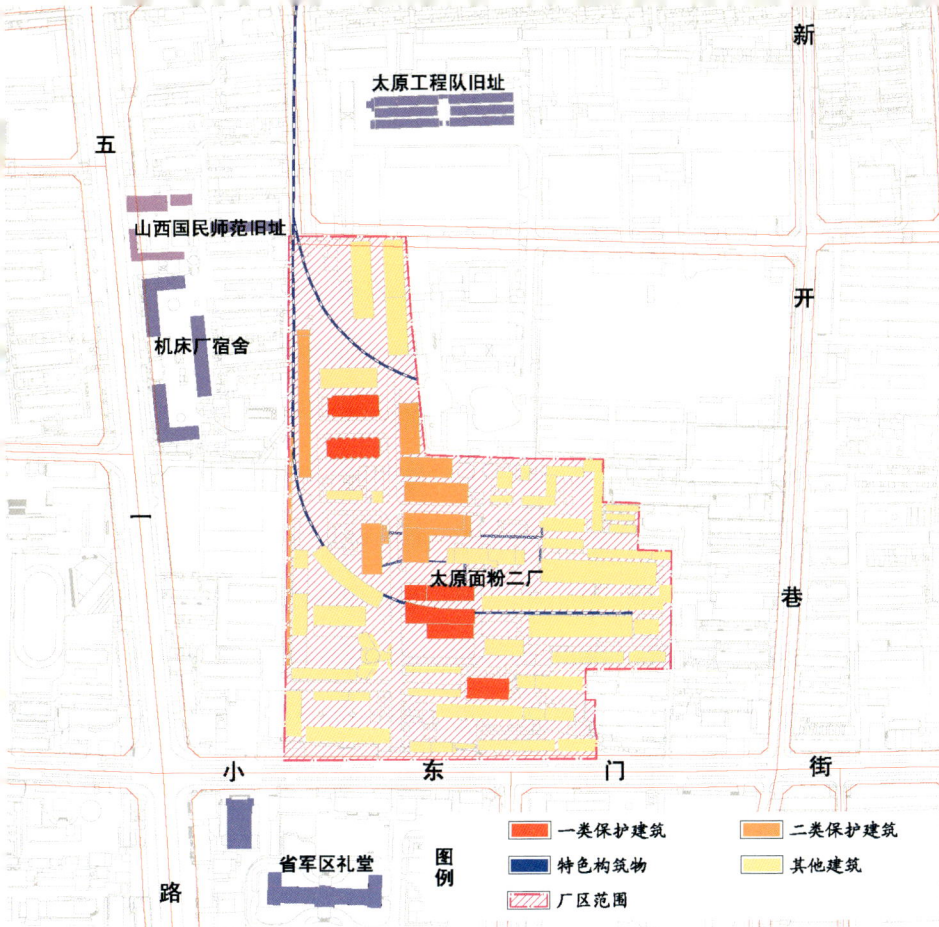

面粉二厂保护区规划图

图例
一类保护建筑
特色构筑物
厂区范围
二类保护建筑
其他建筑

五
一
路

新
开
巷
街

太原工程队旧址
山西国民师范旧址
机床厂宿舍
太原面粉二厂
省军区礼堂
小 东 门

面粉二厂立筒仓等建筑造型丰富，形成独特的产业风貌

面粉二厂粮仓和轨道

基于本次调研成果提出了太原市近期重点保护的 20 世纪遗产清单，并对保护对象制定保护范围和保护措施。2009 年，太原市政府通过《太原市历史街区历史建筑名录》，其历史文化街区和历史文化风貌区各 5 片，历史建筑 58 项、203 处。成片保留的矿机宿舍、太重苏联专家楼被划为历史文化街区，具有鲜明的时代特征的迎泽大街、作为集中连片工业景观的太原面粉二厂分别被划为历史文化风貌区。在 203 处历史建筑中，生产车间和仓库、礼堂、体育馆等公共建筑占多数，电灯公司烟囱、太重一金工和二金工厂房、新建路礼堂、工人文化宫等都名列其中。

20 世纪遗产保护与城市转型发展

20 世纪遗产保护的关键在于制度化，它包括申报、评估、规划、管理、经济政策在内的保护体系建设。政府还应提供经济、技术等方面的支持，鼓励 20 世纪遗产的保护和适应性再利用。

太原 20 世纪遗产尤其是部分工业遗产占地规模较大，这些地区在发展转型时期面临遗产保护与发展复兴的双重挑战。"一五"期间，太原西山地区建设的多个重点企业，因多年的粗放增长导致环境污染严重，成为制约发展的瓶颈。近些年当地政府正在推动西山地区综合整治。在污染治理、环境整治的同时，还通过城市规划等相关政策手段引导工业遗产地段的功能调整，将建筑遗产保护再利用，棕地整治再开发等工程项目，融入城市可持续发展战略目标和实践体系之中，以实现城市的转型复兴。

历史街区保护实践中的规划实施引导

——四川都江堰西街灾后重建

案例类型： 历史文化街区保护

城市地区： 四川省都江堰市

案例来源： 上海同济城市规划设计研究院《都江堰西街历史街区保护与整治修建性详细规划》（2010）

参加人员： 周俭、陈飞、寇怀云、蒋冠林、许昌和、孔志伟等

主编按语

　　一般而言，能认真调查研究，认真规划设计，在规划时认真听取对方意见，并能满足对方的需求而又不违反规划所涉及的政策法规，就是好的规划师了。都江堰遭受地震后的修复工程不是一般的工程设计项目，一是它体现了党和政府对灾区的关怀；二是它要对特殊的历史遗产进行保护与再生，这个规划过程就不是通常的调研后在设计院办公桌上画图了。以周俭院长为核心的设计组，扎根在都江堰，一切服务于灾民，并探索了私房保护更新的政策与新旧结合再生的设计方式。老百姓不能长时间住在地震棚，而是急切地等着要住回去，这对设计组来说是"逼上梁山"，要快、要好，还要处理各种政策与利益的矛盾，这不单是技术性的工作，还是社会工作，是对规划师

素质和能力的检验，也是一场严峻的考验。西街修好了，政府获得了好评，老百姓满意，周俭他们也获得了多项奖项，这是应得的，更重要的是培养了一批能打硬仗的卓越的规划师。

西街概况

都江堰西街历史文化街区，位于都江堰古城的西北部，面积4.03公顷，紧邻世界遗产都江堰的核心工程宝瓶口，北倚玉垒山，顺内江延展。

西街是历史上松茂古道的起点，从唐至清商贸繁荣一千多年。1992年前西街直通二王庙，后因景区申遗而封路。

都江堰

西街总体鸟瞰图

1952 年成阿公路建成后，松茂古道的作用逐渐被取代，伴随松茂古道兴起的商业口岸也就逐渐衰落，西街于是逐渐演变为居住街区。20 世纪 90 年代，都江堰古城区进行了大规模的旧城改造，由于资金限制和规划控制双重原因，西街没有被拆除和改造，成为都江堰市仅存的且较完整地保留了历史文化特点、街道格局、建筑风格的街区。街区内居住建筑具有典型的川西地方特色，尚存有以西街、南街、清真寺、懋公寺、明代城墙遗址和马家大院等为代表的真实历史遗存。2003 年西街被评定为国家级历史文化街区。

西街在都江堰古城中的位置

民居宅院

街道

　　"5·12"大地震前，该街区共有住户480余户，居住人口趋于贫困化和老龄化。街区房屋总面积约3.2万平方米，其中明清及民国传统建筑1.96万平方米，占总建筑面积的60.6%。传统木结构建筑由于年久失修和白蚁侵蚀，损毁较为严重。街区无下水系统，电线排布较乱，公共设施严重不足，加之房屋产权变化、搭建加层等情况，使老街的居住条件和外观风貌严重落后于城市整体发展水平。

　　除了清真寺和懋功寺作为宗教功能外，西街现状功能以居住为主，沿街有零星商住建筑；南街沿线为商业功能，滨江沿线以休闲功能为主。

图例
- 居住建筑
- 商住建筑
- 商业建筑
- 宗教建筑
- 环卫建筑
- 弃置建筑
- 河道
- 规划范围

西街现状功能

震后状况与重建政策

西街房屋在地震中都有不同程度的受损，其中省级文保单位懋公寺损毁严重，3处民居完全倒塌，其他多数房屋屋顶、墙面等有局部损坏。

在"政府主导、群众做主、市场参与"的灾后重建大政策下，都江堰市政府结合灾后重建、旧区改造、住房解困三方面的目标，出台《西街片区住房解困与片区保护性改造实施方案》，指导整个西街的灾后重建工作。政策首先确定居民可自主选择去留（异地置换安居房，或留下参与自建）；其次，选择留下自建，则以院落为单位成立业主委员会，按照物权法的规定行使业主的权利义务，做出改建决议；另外，居民可参与局部规划方案、住房设计方案，参与决定改造方式。

实施中的规划引导

西街政策决定了居民参与重建的机制，而居民诉求和选择的多样性必然带来重建实施条件的不确定性，于是也就决定了重建过程中规划实施引导的必要性。

西街局部鸟瞰

规划的政策引导——公共资源的利用

西街政策赋予居民"愿走就走，愿留就留"的自主选择权，这在历史街区保护的实践中是前所未有的，仅此一点就使西街的保护性重建具有了划时代意义。同时，部分居民的置换迁出，使占总建筑面积五分之二的房屋空出并成为

图例
- 公产
- 宗教产
- 私产
- 门牌及建筑编号
- 河道
- 规划范围

1　置换后建筑产权图
2　保留建筑
3　城墙展示段政府产权房拆除不建

政府产权。从规划的角度说，规划的实施条件较之规划编制之初发生了重大变化，对于房屋性质变化带来的空间和功能变化需要重新做出规划引导。

政府产权房是一种公共资源，规划确定在历史街区的重建中公共资源首先要为保护服务，因此没有保护价值的政府产权房成为西街保护资源的增量，在实施中有两种实现途径：第一，与有保护价值的私房调换，对部分"保留建筑"住户希望住新房的要求，可以挑选政府产权房进行调换，该保留建筑的保护责任则由政府来承担；第二，让位于城墙遗址的保护，西街入口一段城墙内侧房屋整体风貌不佳，规划确定该段的政府产权房拆除不建，私房调换它处政府产权房后也拆除，作为城墙的保护与展示空间。

规划的技术变通——"原真性"的诠释

保护规划强调"原真性"原则，对于历史街区，它的价值存在于整体空间的多样，以及生活的真实中，这才是历史街区原真性的真实合理的诠释，并非要将其修复到某个时代，成为一种凝固的形态。

西街的保护强调有保护价值的传统建筑以及沿街建筑轮廓线的真实性，对于建筑高度、形式严格控制，进行保留维修或原样修复。对于约占总建筑面积30%的保护价值不大且在内院的非传统建筑，规划则从保证住户的基本生活需求出发，提出建筑高度控制"原则上保持现有层数，在保持产权面积不变的前提下，可适当提高建筑高度，并满足文保单位周边环境的控制要求，保持原建筑整体轮廓线的高低变化关系"。在实际操作中，这类情况采用适当提高建筑的檐口高度，适当减缓屋顶的坡度，使屋顶夹层和阁楼的室内空间高度保证在 1.8 米左右，对那些自己搭建部分的面积计入在重建建筑内部并将室内高度控制在 2.2 米以下。

规划的推进策略——"试点带动"实验

在房屋置换完成，进入自建阶段后，由于重建方式、自建补贴以及建筑的设计面积、高度、结构形式等问题，居民的意愿与政策和规划要求之间一直难以达成一致，加之过高的重建预期，居民总体上持抵触或观望的态度，以至规划无法推进。

西街 37—43 号试点重建前

西街 37—43 号试点重建后

在重新整体分析了居民重建要求的基础上，遵循历史街区保护规划实施"循序渐进，以点带线"的原则，决定首先启动小规模试点项目。首先启动试点项目的意义在于，使意向参与重建的居民具体了解保护规划的要求，真实体验重建和修缮后的房屋品质；对规划和政府而言，能够通过试点项目真实评判保护与整治的效果，具体测算投入的成本，了解重建政策在具体各类情况中的适用性；通过试点项目建立"菜单式"建造与修缮项目表，一一对应每项相应的材料、单价、数量、人工费和管理费，便于居民根据住房要求和经济承受能力进行勾选。

进行试点带动的实验，从另一个角度讲也是对选择不参与自建者的策略，规划和政府的精力集中于试点项目，一方面给居民冷静考虑的时间和自主选择的自由；另一方面就规划者的态度来说，并不强求居民全部和同时进行改造，而是条件成熟一部分改一部分，逐步向规划目标靠近。正所谓"不动也是一种行动"。

首个试点西街37—43号，经两个月建设完成，在建筑保护整治及对居民改造意愿的推动上都达到了预期的效果，试点的建筑高度和形式的控制成为整个街区改造的样本；试点地板、墙体、屋顶所采用的多种防潮、保温、隔热等结构措施，门窗、墙面的多种材料和样式，成为居民房屋改造的直观参照；居民改造的意愿也逐步高涨。

规划的沟通协调——社区规划师方式

与常规的规划实施过程不同，在整个西街重建过程中，规划方自始至终参与规划方案的落实，一方面负责解答规划中对保护与改造的具体要求，并保证规划实施的目标方向；另一方面协助政府和社区宣传讲解重建政策，与建筑师一起入户沟通改造方案，收集、反馈居民意愿诉求并提出应对建议。通过这种工作方式，西街居民逐步接受改造方案；居民的厨卫配套、管线入户及建筑高度、采光等居住功能需求得到满足；历史遗留的产权不明、搭建确认等问题在项目实施过程中也以满足居民"基本生活需求"为原则得到明确的处理。

也就是说在西街历史街区的重建中，规划方扮演着社区规划师的角色，这对于保护历史街区价值的真实性和多样性非常重要。

西街历史街区灾后重建的特殊性决定了规划实施环境的多变性，规划如何去应对与调整，规划者在实施中怎样协调和引导各种复杂因素，使规划向着"保护遗产、传承文明、改善设施、居民受益"的目标发展，需要在实践中逐步摸索。在社区参与已成为历史街区保护之大势所趋的现实下，住户诉求的多样性和易变性是历史街区保护实践中存在的集中问题，因此寻求规划落实的技术手段和方法来接近规划目标是规划师作为政策协调者的职责所在。

社区工作组图

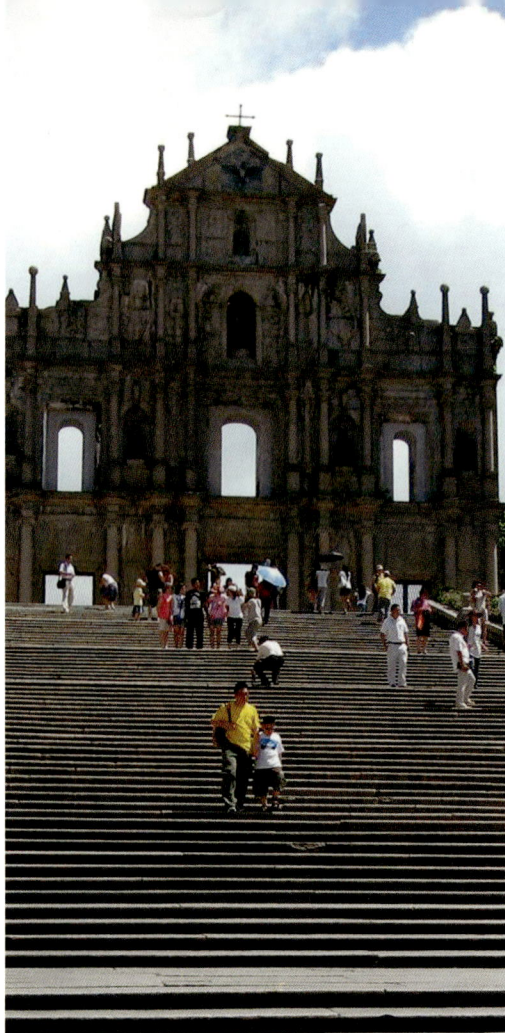

历史性城市景观的整体保护

——澳门历史城区景观保护研究

案例类型： 总体城市设计专题研究

城市地区： 澳门特别行政区

案例来源： 上海同济城市规划设计研究院《澳门历史性城市景观保护专题研究》（2010）

参加人员： 张松、镇雪锋、单峰、陈鹏

主编按语

我在 20 世纪八九十年代就去过澳门，为它所拥有的异国风情所倾倒，一面是美丽的海景，一面是具有异国情调的教堂群和中西合璧的住宅群，它是一座很安静、很惬意的海滨城市。可贵的是它还珍藏着世界级的建筑遗产。它继香港之后回归祖国，2005 年又以其历史景观建筑被列入世界遗产名录。回归后澳门旅游博彩业的大发展给这座本来安静的城市带来了巨大的财富与烦扰，在海滨兴建了众多奇形怪状的博彩大楼和高档楼群，原来全城至高点东望洋灯塔都被突兀的大楼所遮挡，文化遗产的保护在经济大潮面前显得那样的无能与无奈，澳门的前景不容乐观。为此澳门的文化历史学会曾专门邀请世遗保护专家们联名呼吁，我也专程去澳门参加此项活动。张松教授做的此项规划应能起到"亡羊补牢"的作用。

历史性城市景观的含义

20 世纪 90 年代以来，越来越多的世界遗产城区遭遇大规模开发项目的威胁。鉴于此，2005 年召开的"世界遗产与当代建筑——管理历史性城市景观"国际会议提出了"历史性城市景观"保护的理念。会议通过的《维也纳备忘录》指出：历史性城市景观的保护应"基于现存的历史形态、建筑存量和文脉，综合考虑当代建筑、城市可持续发展和景观完整性之间的关系"。历史性城市景观的含义超出了以往国际宪章和保护法律中惯常使用的"历史中心区"、"整体"或"环境"等传统术语的范围，涵盖的区域背景和景观背景更为广泛。

会议采纳了《保护历史性城市景观维也纳备忘录》作为讨论和评估世界遗产城市及其背景环境中当代建筑（包括高层建筑）影响的必要工具。"历史性城市景观"指由一组建筑物、构筑物或者开放空间在它们所处的自然环境或生态环境中形成的集合体，包括考古遗址、古生物遗址和某个特定时期构成人类聚居地的建成环境。

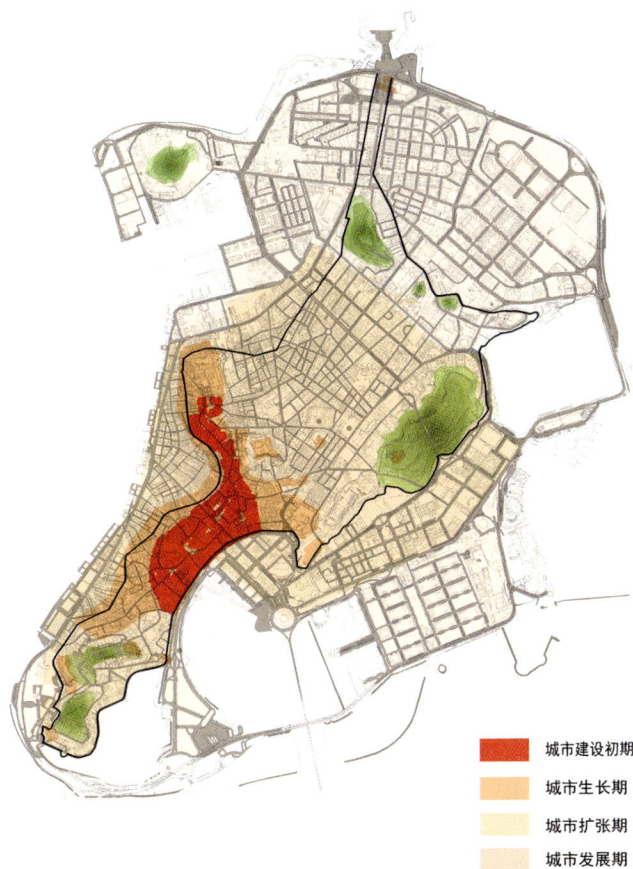

■ 城市建设初期
■ 城市生长期
■ 城市扩张期
■ 城市发展期

澳门城市空间拓展过程和发展脉络

澳门

历史中心区的威胁与挑战

澳门 400 多年的发展历程在城市地理空间上留下了拓展脉络和文脉关系，各时期的历史遗存见证了历史发展的延续性和中西文化的交流与碰撞。2005 年，列入《世界遗产名录》的澳门历史城区现在也面临一些问题。例如作为世界遗产核心区的教堂和街道景观虽进行了整治，但是周边居住建筑环境亟待改善。其次由于澳门半岛的高强度开发，世界遗产周边地区的高层建筑对澳门历史城区重要的眺望景观和天际线带来了影响和破坏。

历史性城市景观理念认为城市是持续进化中的有机体，强调自然环境和人工建成环境之间的相互作用，这种整体性的方法可以为澳门历史城区提供一个更好的保护框架，对地区历史文化的保护和传承都有着积极的作用。

高层建筑对主教山天际线的破坏

保护与发展的整体性策略

《澳门历史性城市景观保护专题研究》基于对澳门历史发展演变的梳理，针对其面临的高强度开发建设现状，从世界文化遗产与其周边更广阔城市范围之间的视觉联系入手，针对列入世界遗产的澳门历史中心区及历史城区提出相应的保护与发展策略。

针对澳门半岛、冰仔和路环三个地区的特点分别制定相应的策略措施。澳门半岛地区应采用"保护重整"的策略，重点保护世界文化遗产、已评文化遗产和其他有价值的历史建筑及价值突出的成片历史地区；冰仔地区采用"精明发展"的策略，保护文化遗产和自然环境，增强地方特色，提供多样的公共空间、交通方式等，促进地区的景观和环境品质；路环地区宜采用"保育保全"的策略，保育山体、水体和自然植被，保护文化遗产及其与自然环境所构成的整体空间关系。

三种策略

历史性城市景观的延续性

历史性城市景观保护，强调对历史城区的整体性保护和文化景观的延续性传承。现列为世界遗产的"澳门历史城区"基本为早年葡萄牙人的聚居区。中国人的最早聚集区、内港地区，以及氹仔和路环的历史发祥地，这些具有鲜明特征的地区也是澳门城市发展演变重要的组成部分。作为澳门历史性城市景观完整性的重要组成部分，应划定保护范围或是将这些地区纳入已有的缓冲区范围，以实现对澳门历史性城市景观的整体性保护。

新马路街景

氹仔旧市区

视觉景观体系的控制引导

历史性城市景观保护，需要通过视觉景观控制引导规划对新建的开发项目实施有效管理。历史上利用地形建设形成的澳门城市完整防御体系的东望洋炮台、西望洋炮台和大炮台等，现已成为澳门重要的地标景观和眺望点。保护规划根据历史地标性建筑物与山体、大海等之间的视觉景观关系，制定相应的保护控制策略。保护制高点的眺望景观，对现存较好的视域范围进行高度控制，维持大炮台、东望洋灯塔、主教山、望厦炮台、马交石炮台相互之间及这些标志性景观与大海、山体之间视线通廊。保护主要活动路线上重要旅游点、标志性眺望景观和重要标志性建筑的背景眺望景观。

1	2
3	4

1 澳门地标——大三巴牌坊
2 东望洋灯塔
3 主教山眺望景观
4 内港区码头

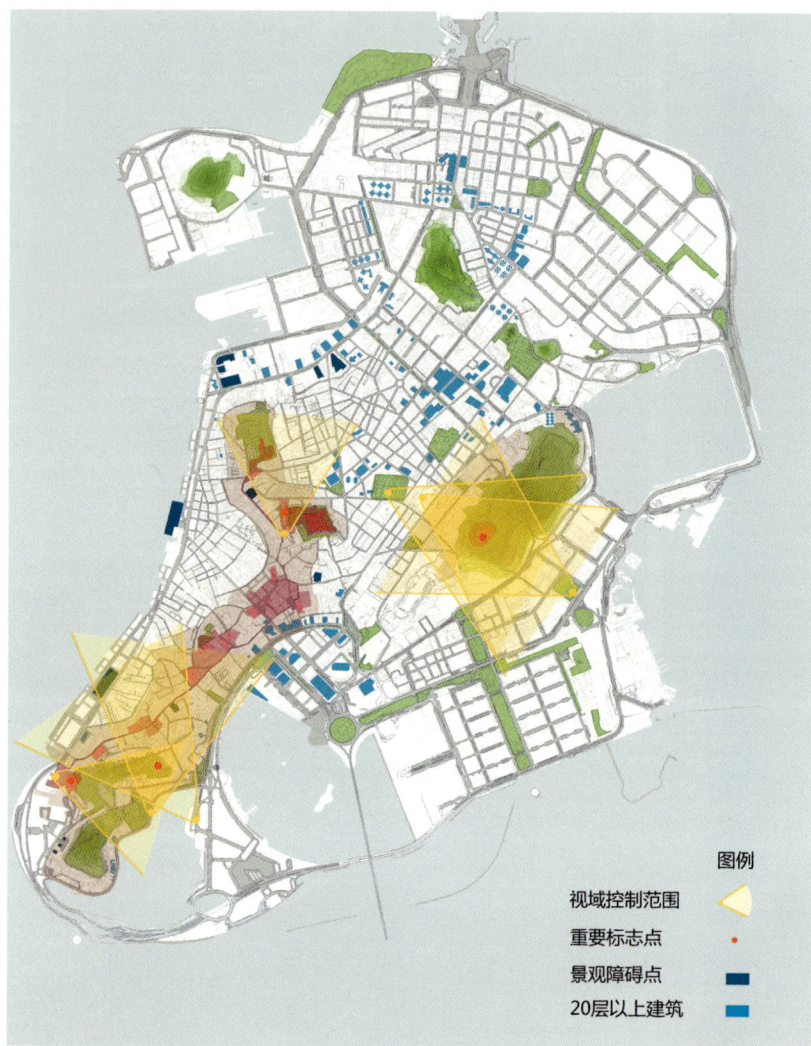

图例

视域控制范围

重要标志点

景观障碍点

20层以上建筑

标志性眺望景观控制

文化遗产保护管理计划

澳门历史性城市景观的保护，首先是对列入世界遗产的历史中心区的保护，其次是对包含早期中国人聚居区和内港区在内的澳门半岛历史城区的保护。而以生活居住为主要功能的历史城区，需要积极改善其居住环境条件，协调旅游与社区发展的关系。对产业遗产集中分布的内港区，则通过建筑修缮和环境整治，转变地区的功能，发展文化创意产业，增加澳门历史城区的新景点和旅游容量。

此外，对依地形环境构成的地标景观和眺望景观进行整体控制引导，以维护历史城区的整体关系和文化景观。外围新建筑的高度、造型和色彩应通过城市设计，实现有序管理，为历史城区的背景环境保护与改善创造条件。

澳门历史城区周边的新建筑

图书在版编目（CIP）数据

从上海到澳门：同济大学城市遗产保护与规划创新典型案例 /
阮仪三 主编. —上海：东方出版中心，2013.12

ISBN 978-7-5473-0625-3

Ⅰ.①从… Ⅱ.①阮… Ⅲ.①文化遗产—保护—案例—中国
Ⅳ.①K203

中国版本图书馆 CIP 数据核字（2013）第 260740 号

从上海到澳门

——同济大学城市遗产保护与规划创新典型案例

阮仪三 主编

策划 / 责编　戴欣倍
书籍设计　一生设计® blog.sina.com.cn/ybzgl

出版发行　中国出版集团 东方出版中心
地　　址　上海市仙霞路345号
电　　话　021-62417400
邮政编码　2000336
经　　销　全国新华书店
印　　刷　上海中华商务联合印刷有限公司
开　　本　787×1092毫米　1/12
印　　张　11
字　　数　208千字
版　　次　2013年12月第1版第1次印刷
ISBN 978-7-5473-0625-3
定　　价　65.00元